煤矸界面的自动识别技术

王保平　王永娟　著

化学工业出版社

·北京·

内 容 简 介

《煤矸界面的自动识别技术》分为5章，主要内容包括：煤矸界面的自动识别技术研究概述、尾梁振动分析及实验系统、基于局域波分解的振动信号特征提取与识别、声波信号的时间序列建模与分析、BP神经网络在煤矸界面识别中的应用。本书建立了尾梁振动模型，提出了尾梁的振动行为具有统计规律，为后续的模式特征的提取及识别提供理论依据。然后针对尾梁振动信号，采用局域波方法处理信号，提取了反映煤矸界面的特征；针对声波信号，采用时间序列分析方法进行建模并提取特征。最后，利用多种识别方法对信号进行识别，并对提高识别精度做了研究。

本书适用于从事煤矿机械、工业自动化领域工作的工程技术人员学习，也可以作为大中专院校相关专业的教学参考书。

图书在版编目(CIP)数据

煤矸界面的自动识别技术 / 王保平，王永娟著. —

北京：化学工业出版社，2022.10

ISBN 978-7-122-41717-6

Ⅰ.①煤… Ⅱ.①王… ②王… Ⅲ.①综采工作面-煤矸石-识别-研究 Ⅳ.①TD94

中国版本图书馆CIP数据核字（2022）第107737号

责任编辑：万忻欣 李军亮　　　　　　装帧设计：李子姮
责任校对：边　涛

出版发行：化学工业出版社（北京市东城区青年湖南街13号　邮政编码
　　　　　100011）
印　　装：北京天宇星印刷厂
850mm×1168mm　1/32　印张5　字数104千字
2024年1月北京第1版第1次印刷

购书咨询：010-64518888　　　售后服务：010-64518899
网　　址：http://www.cip.com.cn
凡购买本书，如有缺损质量问题，本社销售中心负责调换。

定　　价：68.00元　　　　　　　　　　版权所有　违者必究

综合机械化放顶煤开采是一种高产、高效的厚煤层开采方式，我国厚煤层储量占我国煤炭储量的 44％ 左右，因此放顶煤技术的研究和推广对我国煤炭工业的发展具有特别重要的意义。如何根据煤炭放落程度控制放煤口放煤时间，是当今综合机械化放顶煤开采中遇到的难题。目前顶煤放落程度全部依靠人工目测来判断控制，由于采煤工作面灰尘大、条件恶劣，会给现场操作工人带来安全问题，且工人无法准确地控制放落时间，会造成过放或欠放问题，使煤质下降或者造成回收率下降。因此，煤矸界面识别技术十分重要，是实现准确控制放落程度的关键技术。

煤矸界面识别问题其实质是一个模式识别问题，根据现场信息识别是煤还是矸，因此包括数据采集、特征提取、模式分类三个关键环节。本书围绕这三个环节，开展了以下四方面的研究。

① 分析国内外煤矸界面识别的各种方法的优缺点，提出了基于液压支架尾梁振动信号和声波信号的分析方法。通过对尾梁的振动进行理论建模及分析，发现在煤和矸石下落随机冲击尾梁过程中，尾梁的振动行为无法用一固定的数学模型进行描述，提出尾梁的振动行为具有统计规律的观点，

为后续的模式特征的提取及识别提供了理论依据。讨论了传感器的选择原则以及理想安装位置，组成了无线数据采集系统，确定了放顶煤煤矸界面识别实验数据采集方案。通过分析现场大量的数据，分别对比了传感器安装在液压支架尾梁不同部位的效果，寻求传感器最佳安装位置，并对液压支架进行了加工，以便传感器安装在最佳位置。在生产现场拾取振动和声波信号，为进一步离线分析煤矸界面识别特征提取提供了翔实的数据。

② 针对尾梁振动信号的非平稳性特点，采用局域波分解的方法对液压支架尾梁振动信号进行了分解并进行了进一步分析。首先利用经验模态分解法把振动信号分解成为固有模态分量，然后对各分量进行进一步分析对比，提取反映煤和矸石的特征参数，得到了三种不同的特征参数，即基于IMF 分量的能量特征、基于 IMF 分量的峭度特征、基于IMF 分量的波峰因子特征。最后对固有模态分量进行Hilbert 变换，得到另外三种不同的特征，即基于振动信号的 Hilbert 谱能量特征、基于振动信号的 Hilbert 边际谱能量的特征、基于 IMF 分量的 Hilbert 边际谱能量的特征。分别利用 IMF 分量的能量、峭度和波峰因子特征，结合马氏距离统计判别法，对信号进行了识别，总体识别率均超过 88%。

③ 利用时间序列分析方法对声波信号进行了分析，针对信号的特点，对数据进行了预处理，判断模型类型以及阶数，建立 ARMA 模型，得到模型的各参数，并对模型进行

了验证。利用 ARMA 模型参数估计了两种声波信号的双谱，根据系统辨识的思想，提出采用对角线的能量曲线极大值数目的特征以及模型残差的方差的特征识别两种工况下的声波信号的方法。以残差的方差为特征，采用 EWMA 控制图方法对信号进行了识别，识别率达到了 90%。

④ 根据所提取的振动信号和声波信号特征的特点，设计了 BP 神经网络结构。对五种改进的训练函数进行了对比，即动量 BP 算法、自适应学习率算法、Quasi-Newton 算法、弹性 BP 算法、Levenberg-Marquardt 算法。针对信号不同的特征分别设计了不同网络结构，包括网络层数、训练函数、激活函数、各层的节点数和隐层神经元的数目。通过样本数据训练得到最优 BP 神经网络，并对信号不同的特征参数进行了识别。其中，振动信号以各 IMF 的能量、峭度和波峰因子组成特征向量作为 BP 神经网络的输入，总体识别率高于马氏距离判别法。声波信号以 ARMA 模型残差的方差组成特征向量作为 BP 神经网络的输入，总体识别率高于 EWMA 控制图法。最后采用神经网络对振动信号和声波信号特征进行信息融合，对两种信号进行了识别，识别结果表明采用信息融合的方法比单独采用一种信号的识别方法具有更高的识别率。

本书由山东交通学院王保平、王永娟撰写，书中的研究成果受到山东省交通建设装备与智能控制工程实验室、山东交通学"院攀登计划"重点科研创新团队——高端装备与智能制造（sdjtuc18005）、山东省中小企业创新项目提升：水泥净浆洒布车研发与样机试验（2021TSGC1441）、山东省高等学校青创科技支持计划项目：浅海用无人智能捕捞机器人的研制（2019KJB014）的资助。

　　由于笔者水平有限，书中难免存在不足之处，欢迎广大读者批评指正。

著者

目录

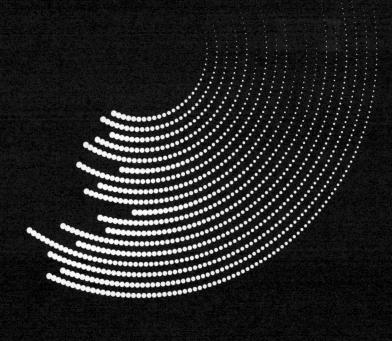

第1章

煤矸界面的自动识别技术研究概述

1.1
研究背景与意义

煤炭是一种不可再生资源，在我国能源中处于主导地位，关乎国民工业和农业的发展，在整个国民经济中具有举足轻重的地位。煤炭开采技术的发展是提高煤炭开采率的重要措施，是提高煤炭产量的重要手段。同时，煤炭开采自动化有利于改善工人劳动条件，降低人身伤亡事故，提高劳动生产效率。

综采放顶煤开采是厚煤层开采的一种煤炭回采方法，能够实现高产、高效、低耗，得到了普遍推广。放顶煤采煤法就是在厚煤层中沿煤层底部布置一个采高2~3m的长壁工作面，用综合机械化采煤工艺进行回采，其示意图如图 1-1 所示。放顶煤开采大体过程为利用矿山压力、液压支架反复支撑，尾梁上下摆动和预松动爆破等综合方式预裂顶煤，使支架上方的顶煤破碎成散体后，由液压支架后方（或上方）放出并予以回收。这种开采方法是 20 世纪 70~80 年代出现，并在我国首先成功推广使用的一种新的采煤方法，适于厚煤层一次全高开采，具有许多显著优点。厚煤层在我国储量丰富，占煤炭总储量的 44.8%，每年近 30 亿吨煤炭产量中的相当一部分煤炭是采用放顶煤的方法开采出来，因此放顶煤技术的研究和推广对我国煤炭工业的发展具有特别重要的意义[1]。

煤矸界面的自动
识别技术

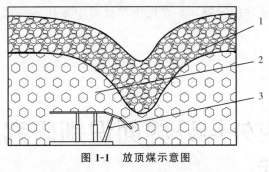

图 1-1　放顶煤示意图

1—矸石层；2—煤层；3—液压支架

如何根据煤炭放落程度确定放煤口放煤时间，是综采放顶煤开采过程中遇到的难题，目前顶煤放落全部是靠人工目测来判断和控制。由于采煤工作面灰尘大，条件恶劣，会给现场操作工人带来安全问题，且人工很难准确判断顶煤放落程度，不可避免地导致放煤过程的过放状况和欠放状况。过放状况会将顶板矸石大量放出而造成煤质下降、运输洗选成本增加；欠放状况会丢失煤炭，从而降低回收率。再者，随着采煤工作面产量增加，需要提高液压支架移架速度，提高移架速度的有效方法是采用自动程序控制电液放顶煤支架来代替人工手动控制的放顶煤支架。人工目测判断顶煤放落程度、手动控制放煤口启闭的方法已不再适用于电液放顶煤支架操作的需要。因此煤矸界面的自动识别成为控制放煤时间的关键技术，是实现自动控制放煤口启闭和完善放顶煤开采自动化的基础，是提高煤炭开采率、提高煤炭质量、降低成本的重要手段。

如果要实现顶煤自动放落，煤矸界面识别方法必须准确率高、速度快，具有较强的可靠性，并且适应不同地质条件下的工作面。因此，煤矸界面识别问题成为目前国内外普遍关注的问题，是煤炭生产过程中遇到的一项基础性课题。

1.2
国内外煤矸界面识别研究现状

世界各主要产煤国，包括美国、英国及德国等国家自 20 世纪 60 年代起都对煤矸界面识别做了大量工作，先后对二十多种煤矸界面识别方法进行了探讨和研究[2-8]，取得了一定的效果。由于国外采煤工艺的变化，目前国外采放顶煤技术研究停滞。当前世界各国用于煤矸界面识别的主要研究方法如表 1-1 所示。

表 1-1　煤矸界面识别的主要研究方法

探测方法	研究国家	研究组织
人工伽马背散射	英国	British Coal，Salford Electrical
自然伽马射线	英国	British Coal，Salford Electrical
	中国	中国矿业大学，山东大学
AME 1008	美国	American Mining Electronics
MIDAS	英国	Anderson Strathclyde
Pathfinder	英国	Mining Supplies Pitcraft-Summit
DIAM	英国	British Jeffrey Diamond
Proprietary	美国	Consolidation Coal
雷达技术	美国	Bureau of mines

煤矸界面的自动
识别技术

探测方法	研究国家	研究组织
截齿应力分析	英国	British Coal
	中国	太原理工大学，中国矿业大学
调高油缸压力法	中国	太原理工大学
振动技术	美国	Bureau of mining
	德国	MARCO
	日本	Mitsui，Coaling Ming Research center
	中国	中国矿业大学
地震测试法	美国	Bureau of mines
红外技术	美国	Bureau of mines
激光粉尘照相	德国	Ruhrhle，Battelle at. al
光学技术	美国	Bureau of mines
电子自旋共振	美国	Bureau of mines
X 射线荧光分析	美国	Bureau of mines
图像信息处理	美国	Bureau of mines
透度计	美国	Bureau of mines
敏感钻头	美国	Bureau of mines
超声波技术	美国	Bureau of mines
高压水射流	美国	Bureau of mines
激发电流	美国	Metec
视频摄像	英国	Rees Hongh Ltd.
	西班牙	AIFTEMIN
	法国	CERCHARC
	加拿大	Ecok Polytechnigue Noranda Research center
	美国	Video Miners
电磁场辐射	美国	Stoalar

1.2.1　国外煤矸界面识别研究现状

（1）人工伽马射线法研究煤矸界面识别

英国在 20 世纪 60 年代最先提出并利用伽马射线背散射法探测顶煤厚度，从而达到识别煤矸界面的目的[9]。此方法是在顶煤下方放置人工放射源和放射性探测器，伽马射线从人工放射源放出后，经顶煤反射回空气中。放射性探测器探测到反射回来的伽马射线，此反射伽马射线的强度与顶煤厚满足一定的关系曲线。1976 年，英国人根据此种方法研制了采用铯（Cs137，放射性活度 $50\mu Ci$）作为放射源的铯 137 同位素留顶煤厚度探测器（707 型、706 型），并在 Barngurgh 煤矿进行了试验。伽马射线背散射法中的散射伽马射线穿透能力是有限的，因此所能测得的顶煤厚度不大于 250mm；其次，由于难以保证探头与顶煤接触良好，因此测量结果会有很大误差；再次，探测精度也受到煤中夹杂物的影响。1987 年，苏联的斯科钦斯基矿业学院矿山机械自动化设备科学生产联合公司同样采用伽马背散射法，研制了监视潜伏的煤矸界限的方法[10]，其工作方法大体为：被监视的介质 M 由伽马射线源 1 照射，返回散射的伽马射线用射线检测器 2 记录，射线检测器 2 至被监视介质（M）距离为 A。在靠近射线源 1 的感受区 Z-（1）和远离射线源的感受区 Z-（2）的射线强度随 A 的增加而分别下降和上升，总强度由两个区 Z-（1）、Z-（2）同时接收到的射线强度相加得到，并且不因 A 发生变化而变化，其值为定值。此方法基于接触式传感原理，要求探头与顶煤有良好的耦合，该要求对煤矿顶板来说很难做到。

煤矸界面的自动
识别技术

此外，作为最早用于实践的人工伽马射线源具有放射性，对人体健康有一定损害，尤其在井下不便安全管理，后来被自然伽马射线探测器取代。

（2）自然伽马射线法研究煤矸界面识别

1980 年，英国、美国在人工伽马射线法的基础上进行了自然伽马射线法的研究[11-13]。在顶板矸石中通常含有钾、钍、铀三大系放射性元素，能够放射出伽马射线。由于顶矸矸性不同，其放射性元素的含量也不同。页矸顶板的伽马射线量是煤层的 20 倍；沙矸顶板的伽马射线量也要比煤层高出 10 倍。因此，页矸或沙矸可作为一种自然伽马射线放射源，且其放射出的伽马射线能量和强度都不同。由于煤层具有一定厚度，能够吸收一定量的伽马射线，所以穿过煤层的伽马射线量与煤层厚度存在一定关系。自然伽马射线探测法就是通过测量顶底板矸石中的伽马射线在穿透残留煤层后的衰减强度，并根据其衰减规律来确定顶底煤层厚度，以此来达到识别煤矸界面的目的[14,15]。英国采矿研究院（MRDE）最先利用煤矸自然伽马射线差异原理研制出了 7000-MIDAS 系统，此系统只适用于煤层黏顶，并需留 $100 \sim 150mm$ 的工作面，丢掉一定的采高，降低了采出率，因此在英国以外的国家未能推广。1980 年，英国索福德电气公司首次采用基于煤矸自然伽马射线辐射特性（Natural Gamma Radiation，NGR）的传感器法，生产出商业化的 SEI-801 型自然伽马射线煤厚探测器，并得到了矿山安全和健康管理局（MSHA）的认可[16,17]。探测器外形尺寸为 $17cm \times 22cm \times 64cm$，重约 53kg，探头是涂铊铯碘化物晶体（长度为 15cm、直径为 7.5cm），输出固定脉冲 0.75s，尖顶脉冲总值决定煤层的厚度。美国采矿电子仪器公司在英国研制出 SEI-801 型自然伽马射线煤厚探测器以后，也研制出了基于煤矸自然伽马射线辐射特性的 AME-1008 型自然伽马射线煤厚探测器[18,19]。此种探测器安装在美国连续采煤机和长壁滚筒采煤机上，其外形尺寸为 $22.8cm \times 22.8cm \times 61cm$，重约 $90kg$，探头采用的是钠碘化合物晶体（尺寸为 $5.1cm \times 10.2cm \times 30.5cm$）。探测器将顶底板放射的自然伽马射线接收并转换成电信号，其强度与探测器和顶底板的距离、顶底板预留煤皮厚度有关。其能探测的煤厚范围为 $0 \sim 89cm$，适合于大多数顶底板须留煤的开采场合。安装距离离顶煤 $20 \sim 40cm$，机器速度可高达 $19.8m/min$。此方法的优点是无放射源，便于安全管理，探测范围大，且传感器为非接触式，不易损坏。但是，对于不含放射性元素或放射性元素含量较低的工作面以及煤层中夹矸太多的情况，此方法不适用。

（3）雷达探测法研究煤矸界面识别

美国矿业局用雷达探测方法进行了煤矸界面识别研究[20]。当电磁波透过顶煤传播到顶板材料时，由于二者的物质结构不同，电磁波在煤矸界面上会发生反射。电磁波的速度、相位、传播时间与发射波频率、在顶煤中穿越路程即顶煤厚度有关。因此，可以通过信号处理手段，对接收到的反射波进行处理，就可确定顶煤厚度。矿业局研制出各种雷达传感器，并在煤矿井下做试验，试验结果并不理想。最终，矿业局开发了时域特性和频域特性兼具的连续合成多普勒雷达传感器，它优于只具时域特性的传统传感器，能够解决煤和天线所带来的散射问题，增加分辨距离，不必预先求取煤矸物理特性，适用范围较广。但是当顶煤厚度增加时，信号严重衰减。

煤矸界面的自动
识别技术

（4）基于截割力响应研究煤矸界面识别

从 20 世纪 80 年代起，英、美着手研究基于截割力响应的煤矸界面识别系统，其应用特点正好与 NGR 法相互补[21]。由于煤层和矸石具有不同的力学特性，导致采煤机滚筒截齿在割煤、割矸时具有不同表现，因此可以依此特征进行煤矸界面的识别。该方法核心理论为：对采煤机截割力信号的离散序列应用最小二乘法原理进行处理，得到每个观测周期对应的描述采煤机截割状态的优化模型，利用这些模型对在观测周期中的采煤机截割状态进行模式识别。由于采煤机具有十分复杂的截割负载状态，有一定程度的不确定性，因此，利用模糊集理论对截割状态进行判别，通过软件实现在线辨识煤矸分界及实时控制滚筒高度。这种采煤机滚筒高度自动控制系统将煤矸分界辨识和记忆程序控制结合在一起，使得采煤机按记忆程序自动跟踪前一刀运行，同时通过对本次截割的煤矸分界识别，修正记忆程序和滚筒高度，为下一刀滚筒垂直高度作参考[22-28]。该方法具有不受采煤工艺限制的优点，只要采煤机的切割状态能被顶底板矸石和煤层反映即可。但是采煤机自动调高具有复杂性，很难及时准确地对煤矸分界做出判断。近年来随着微机能力的不断提高，专家们倾向于采用多种传感器取得多参量信号（截齿应力信号、电机电流信号、调高油缸压力信号及摇臂振动信号等），并通过微机软件综合对比处理信息，最后采用神经网络、模糊控制等智能方法来实现采煤机的自动调高[29-31]。

（5）基于振动技术研究煤矸界面识别

美国矿业局开辟了振动法进行煤矸界面识别的先河，主要有声学、槽波地震及机械振动三种基本类型[32-36]。声学 CIR 主要由麦克风或声压传感器构成，它被悬挂于采煤机械附近；槽波地震 CIR 由加速度计或小型地震仪构成，它被安装于尽可能靠近采煤作业处煤层的顶板或底板上；机械振动CIR 由几个加速度计构成，安于尽可能靠近截割头的机身上。1985 年，美国麻省理工学院的采矿系统改造中心研制出了截齿振动监测样机系统。被弹簧压在截齿底座上的测杆与截割滚筒轴之间由一个旋转电位器相连，测杆上具有磁致伸缩材料，将截齿振动转换成变化的磁场，而后再转换成正比于截齿振动的电信号。截齿振动随矸层性质变化而变化，因此得到的电信号也相应发生变化。德国 Marco 公司基于煤和矸石的振动频率不同的特性，开发了 SKA 振动判别样机系统来探测煤矸界面[11]。振动信号通过安装在采煤机摇臂上的声传感器测得，并被输送到由电池供电的机载计算机内，每隔 0.1s 计算机对输入的振动数据进行一次快速傅里叶变换。控制装置通过红外遥测或电缆接收计算机处理后产生的反馈信号。

（6）红外探测法研究煤矸界面识别

红外线技术是公认的极有前途的探测方法，近年来，无源红外探测技术成为研究煤矸界面识别技术的重点[37]。截齿附近煤矸体的温度由高灵敏度的红外测温仪定向测量，截齿切割时由于煤矸物理特性不同产生的温度不同，根据此特征来判断滚筒切割到的是煤还是矸，以此达到煤矸界面识别的目的。美国矿业局开发的无源红外煤矸界面探测系统，其红外系统由图像处理器和红外热感摄像仪等组成，能提供热温分布图谱，可测 0.1℃ 的最小温差。用户可自行选择检测温度范围为 −20～2000℃。它反应极快，能在截齿开始接触顶板的瞬时给出指示，适用于各种坚硬顶板条件。美国匹茨堡研究中心研制了用热成像红外摄像机探测开采煤层和临近

煤矸界面的自动
识别技术

矸层的温度变化的煤层界面红外线探测装置。此装置的视频探测装置在发现煤层或矸层的温度出现变化后，即发出信号报警。无源红外探测技术能以各种坚硬顶板为工作对象是它的显著优点，且能使所采煤层全部采至顶板。它反应敏捷，能在开始接触顶板的瞬时采取正确的措施。红外线具有较强的穿透性，能穿透尘埃和水雾，而且衰减率较小。

1.2.2　国内煤矸界面识别研究现状

（1）自然伽马射线法研究煤矸界面识别

20 世纪 80 年代后期，中国矿业大学（北京校区）等高校进行了自然伽马射线探测器方法的实验研究，并做了大量工业试验（山西汾西水峪矿、山东新汉矿务局良庄矿、山东曲阜单家村矿、河北开滦矿务局唐山矿、山东新汉矿务局孙村矿等）。其中比较有代表性的成果有：秦剑秋提出基于煤矸自然伽马射线辐射特性的自然伽马射线传感器法来研究煤矸界面识别[38,39]。基于煤矿现场大量的测量数据，提出顶板自然伽马射线在穿透顶煤后其强度按加权指数规律衰减的观点，得到比以往基于简单指数衰减函数的测报方法更为精确的指导煤岩界面识别的测报方程，为开发适合我国不留顶煤或少留顶煤的煤矿使用要求的煤岩界面识别传感器提供了理论依据。山东大学王增才教授在国家基金的资助下，根据中国煤矿顶板岩层自然伽马射线辐射特性，提出了煤矿顶板中自然伽马射线穿透煤层的数学模型，给出了采煤工作面的顶板岩石自然伽马射线穿透煤层及支架钢板的衰减规律公式[40-44]。结果发现，其理论计算和实验得出的衰减规律相一致，为煤皮厚度测量仪的设计和采煤机滚筒摇臂调高提供了理论依据。自然伽马射线法的研究结果表明：该方法对于页矸顶板有较好的适应性，而对于砂矸顶板则适应性极差。这种方法在美国有90%的矿井可以使用，在英国和我国分别为50%和20%左右。

（2）基于截割力响应研究煤矸界面识别

自20世纪80年代以来，陈延康、熊诗波、廉自生、梁义维等人对基于截割力响应的煤矸界面识别系统进行了多年研究[45-50]。陈延康教授研究了基于截割力响应的煤矸分界辨识及采煤机滚筒自动调高控制系统，对前一刀煤矸分界的跟踪采用记忆程序控制实现，采用MFIC软件根据本次切割的煤矸分界线对切割力逐点对比，从而达到对滚筒垂直位置的辨识和控制，同时可兼作采煤机状态监测和故障诊断，该成果对我国煤矿生产做出了重要贡献。2003年，太原理工大学的任芳提出了基于多传感器数据融合技术的煤矸界面识别方法[51-55]。该方法利用多类型传感器拾取采煤机截割力响应信号并进行多信号特征提取与数据融合。在采煤机滚筒切割煤矸的过程中，滚筒的阻力矩、径向作用力以及结构直线振动响应和扭转振动响应都要随着截割介质的变化发生变化。用多传感器分别拾取滚筒轴的扭矩信号及扭振信号、调高油缸压力信号、非旋转部件的振动信号、电动机电流信号等，用多信号特征融合技术来识别煤矸界面。雷玉勇也根据截割状态与调高油缸中的液压力的关系，提出了基于液压系统压力的闭环控制系统来进行煤矸界面识别[56]，虽然有相同的截割力，但由于摇臂的位置不同、力臂不同，造成的调高油缸的压力也会不同，以机械液压阀为调节元件，以液压力为反馈信号来实现调高系统的闭环控制。蔡桂英、张伟等人也对采煤机滚筒自动调高技术进行了研究[57,58]。赵栓峰引入具有多个小波基函数的多小波来匹配煤矸响应特征信号，解决滚筒截割力响应煤矸识别中所遇到的单一小波基的

煤矸界面的自动
识别技术

小波包分析难于处理的多态问题，提取了煤矸多小波频带能量特征，并利用支持向量机实现煤矸界面的识别[59,60]。

（3）基于图像技术研究煤矸界面识别

中国矿业大学刘富强教授对基于图像技术的煤矸界面识别方法进行了深入的研究，并取得了一定的成果。其技术硬件系统包括：CCD 摄像机、通信卡、图像采集卡、计算机、控制设备等。摄像机把煤块和矸石的灰度分布摄录下来并传送给计算机，通过数据处理后，基于煤块和矸石的灰度分布情况的差异，分辨矸石和煤块。在应用实验中发现，现场原煤中经常含有水或煤泥，由于煤泥的遮掩，使得原煤亮度降低，从而较难与矸石区分[61]。

（4）基于振动技术研究煤矸界面识别

中国矿业大学刘伟运用经典时域、频域分析及时频联合分析方法，对煤矸振动信号进行分析来研究煤矸界面识别[62]。

1.2.3　目前煤矸界面识别存在的问题

人工伽马射线源具有放射性，损害人体健康，尤其不便于井下安全管理，因此违背当今自动化采煤的初衷，此方法必将退出历史舞台。

自然伽马射线煤矸界面识别方法可行，且已在部分煤矿应用，但是自然伽马射线煤矸界面传感器成本很高，大约 5 万美元。若将自然伽马射线煤矸界面传感器安装在支架上应用于放煤检测，那么开采成本将大幅提升。因为每一综放工作面有一百多个支架，若对每一放煤支架的煤炭放落状况单独检测，这样一个工作面就要安装上百个自然伽马射线煤矸界面识别传感器，显然成本太高，难以实现商业化。

雷达探测法以电磁波传播为基础，电磁波穿透顶煤的厚度与波长成正比，但测量分辨率与波长成反比。测量范围和测量精度二者不可兼得，二者之间矛盾很难彻底解决，所以该方法仍未达到实用阶段。

基于截割力响应法无论是在国内还是国外都有较广泛的应用，特别是对我国的地质条件及目前所采用的采煤工艺有较好的适应性。但该方法不适用于放顶煤煤矸界面的识别。

无源红外探测方法是极具潜力的方法，正处于进一步的研究中，目前还没有形成产品。

总之，上述各种煤矸界面识别方法试验都有一定成效，但由于井下环境十分复杂，准确判断煤矸界限很难，所以实际应用成果并不理想。除了自然伽马射线煤矸界面识别方法之外，其他方法还没有形成产品并真正在实际中应用。因为各种方法皆有较大的局限性，在煤矿井下实用性较差。

1.3
本书研究方法和主要内容

实现煤矸界面的识别需要三个关键的环节：一是如何准确地采集到反映放落状态的信号；二是如何通过信号处理手段提取代表落煤和落矸两种状态的特征；三是如何根据提取的特征特点设计自动识别方法。

根据以上三个方面的问题，本书所做的研究内容如下：

① 建立尾梁振动模型，探讨传感器的最佳安装位置，构造实验数据采集系统，设计实验数据采集方案，采集放煤

煤矸界面的自动
识别技术

现场大量的数据。

对尾梁的振动进行理论建模，提出尾梁的振动行为具有统计规律，为后续模式特征的提取及识别提供理论依据。本着不影响放煤工作面现场工作的要求，构造无线数据采集系统。通过大量的现场实验，分析对比传感器分别安装在液压支架尾梁不同部位时的效果，确定了传感器安装在液压支架尾梁背面为最佳测量位置。对液压支架进行加工，以便安装传感器。设计实验数据采集方案，采集放煤现场信号，为离线研究信号提供了翔实的数据。

② 针对尾梁振动信号，采用局域波方法处理信号，提取反映煤矸界面的特征；针对声波信号，采用时间序列分析方法进行建模并提取特征。

传统的傅里叶变换适用于平稳信号的分析，由于采集的振动信号为非平稳信号，因此傅里叶变换不适用于尾梁振动信号的分析。采用经验模态分解法，把振动信号分解成为固有模态分量，然后对各分量进行进一步分析，通过对比，提取反映煤和矸石的特征参数。最后对固有模态分量进行 Hilbert 变换，进一步提取特征。

采用时间序列分析方法对声波信号进行建模并提取特征。对数据进行预处理，判断模型类型以及阶数，建立 ARMA 模型，对模型进行验证。利用 ARMA 模型参数估计两种声波信号的双谱，并从系统辨识的角度提出了基于双谱对角曲线能量极大值点特征和基于模型残差的方差的特征。

③ 利用多种识别方法对信号进行识别，并对提高识别精度做了研究。

首先，对于尾梁振动信号，以 IMF 分量的能量、峭度、波峰因子为特征，分别采用马氏距离判别法和神经网络法对信号进行识别。其次，对声波信号，以模型残差的方差作为特征，分别采用 EWMA 控制图法和神经网络法对信号进行识别。最后，对振动信号和声波信号进行信息融合，利用神经网络对信号进行识别。

煤矸界面的自动
识别技术

第2章

尾梁振动分析及实验系统

由于综放工作面现场条件差，因此准确地采集反映现场状况的信号是研究的关键。本书研究采集液压支架尾梁的振动信号以及声波信号进行分析，用于识别煤矸界面。本章首先对尾梁的振动进行了理论建模及分析，提出在煤和矸石下落随机冲击尾梁过程中，尾梁的振动行为具有统计规律的观点，为后续的模式特征的提取及识别提供了理论依据。然后根据传感器的选用原则及实验现场情况，介绍了实验所采用的煤矸信号数据采集系统的组成结构，讨论了传感器的安装位置以及现场工作面的情况。

2.1
尾梁的振动分析

放顶煤过程中，煤或矸石不断下落，冲击碰撞尾梁端面，使尾梁承受应力，造成弹性体局部受到扰动，产生振动。外力持续作用下，尾梁振动为受迫振动，当外力消失时，尾梁振动为自由振动[63]。

2.1.1　尾梁的自由振动

由于尾梁一端固定，另一端悬空，因此尾梁可以看作为一悬臂梁，设尾梁抗弯刚度为 $EI(x)$，横截面积为 $A(x)$，尾梁的振动 $w(x,t)$ 满足式（2-1）：

$$\rho A \frac{\partial^2 w}{\partial t^2} = -\frac{\partial^2}{\partial x^2}\left(EI \frac{\partial^2 w}{\partial x^2}\right) \tag{2-1}$$

式中　ρ——尾梁材料密度。

由于尾梁密度均匀，式（2-1）可写为：

$$\frac{\partial^2 w}{\partial t^2} + \frac{EI}{\rho A} \times \frac{\partial^4 w}{\partial x^4} = 0 \tag{2-2}$$

由式（2-2）解得尾梁的自由振动为：

$$w(x, t) = \varphi(x)[A_1 x \cos(\omega_0 t) + A_2 x \sin(\omega_0 t)] \tag{2-3}$$

式中　ω_0——尾梁固有振动的角频率；

$\varphi(x)$——尾梁固有振型。

将式（2-3）代入式（2-2）可得到：

$$\frac{d^2 \varphi}{dx^2} - \frac{\omega_0^2 \rho A}{EI} \varphi = 0 \tag{2-4}$$

通过解式（2-4）可得到尾梁的固有振型：

$$\varphi(x) = C_1(\cos kx + \cosh x) + C_2(\cos kx - \cos kx)$$
$$+ C_3(\sin kx + \sinh x) + C_4(\sin kx - \sinh x) \tag{2-5}$$

式中，$k = \sqrt{\omega_0 \sqrt{\rho A} / \sqrt{EI}}$。

设尾梁长度为 L，那么边界条件为：

$$\varphi(0) = \varphi(L) = 0 \tag{2-6}$$

$$\frac{d\varphi(0)}{dx} = \frac{d\varphi(L)}{dx} = 0 \tag{2-7}$$

由式（2-6）和式（2-7）所示的边界条件，可以确定式（2-5）中的系数 C_1、C_2、C_3 和 C_4：

$$C_1 = C_3 = 0 \tag{2-8}$$

$$\frac{C_2}{C_4} = \frac{\cos kL - \cosh kL}{\sin kL + \sinh kL} = \frac{\sin kL - \sinh kL}{\cos kl - \cosh kL} \tag{2-9}$$

特征值 k 可由式（2-10）求得：

$$\cos kL \cosh kL = 1 \tag{2-10}$$

特征值可近似为：

$$k_j \approx (j + 1/2)\pi(j = 1,\ 2,\ \cdots,\ \infty) \qquad (2\text{-}11)$$

第 j 阶特征函数（固有振型）为：

$$\varphi_j = C_j(\sin k_j L - \sinh k_j L)$$

$$\left(\frac{\sin k_j - \sinh k_j x}{\sin k_j L - \sinh k_j L} - \frac{\cos k_j x - \cosh k_j x}{\cos k_j L - \cosh k_j L} \right) \qquad (2\text{-}12)$$

由虚功原理可以计算出第 j 阶固有振型对应的角频率：

$$\frac{\omega_j^2 \sqrt{\rho A}}{\sqrt{EA}} = \frac{\displaystyle\int_0^L \left(\frac{d^2 \varphi_j}{dx^2}\right)^2 dx}{\displaystyle\int_0^L \varphi_j^2 dx} \qquad (2\text{-}13)$$

根据线性系统的叠加原理，尾梁的响应为各独立模态的响应叠加而成：

$$w(x,\ t) = \sum_{j=1}^{\infty} \varphi_j (A_{1j} \cos\omega_j t + A_{2j} \sin\omega_j t) \qquad (2\text{-}14)$$

式（2-14）中，A_{1j} 和 A_{2j} 由系统的初始条件确定。

2.1.2　尾梁的受迫振动

尾梁受到冲击时的碰撞响应取决于下落煤块或者矸石相对于尾梁的质量、碰撞的位置、硬度以及边界条件，尾梁受到分布载荷 $p(x,\ t)$ 的作用时，振动位移为 $w(x,\ t)$，模型如图 2-1 所示。

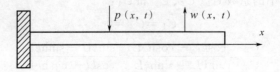

图 2-1　尾梁振动模型

煤矸界面的自动
识别技术

尾梁振动的微分方程为：

$$\frac{\partial^2 w}{\partial t^2} + \frac{EI}{\rho A} \times \frac{\partial^4 w}{\partial x^4} = \frac{p(x, t)}{\rho A} \quad (2\text{-}15)$$

使用分离变量法，将 $w(x, t) = q(t)\varphi(x)$ 代入式 (2-15)，根据固有振型的正交可得：

$$\sum_{j=1}^{n}\left[\frac{EI}{\rho A}q_j(t)\int_0^L\left(\frac{\mathrm{d}^2\varphi_j}{\mathrm{d}x^2}\right)^2\mathrm{d}x + \frac{\mathrm{d}^2 v}{\mathrm{d}t^2}\int_0^L\varphi_j^2\mathrm{d}x\right] =$$
$$\int_0^L\varphi_j^2\frac{p(x, t)}{\rho A}\mathrm{d}x \quad (2\text{-}16)$$

假设 x_0 处受到冲击力 $P(t)$，则 $p(x, t) = P(t)\delta(x_0)$，其中 $\delta(x)$ 为脉冲函数，那么式 (2-15) 可变为：

$$\frac{\mathrm{d}^2 q_j}{\mathrm{d}t^2} + \omega_j^2 q_j = \frac{P(t)}{\rho A} \times \frac{\varphi_j(x_0)}{\int_0^L\varphi_j^2(x)\mathrm{d}x} \quad (2\text{-}17)$$

$$\omega_j^2 = \frac{EI}{\rho A}k_j^4 \quad (2\text{-}18)$$

根据 Duhamel 积分，当尾梁初始状态为静止时，式 (2-18) 的解为：

$$q_j = \frac{\varphi_j(x_0)}{\rho A\omega_j} \times \frac{\int_0^t P(\tau)\sin\omega_j(t-\tau)\mathrm{d}\tau}{\int_0^L\varphi_j^2(x)\mathrm{d}x} \quad (2\text{-}19)$$

尾梁受到持续冲击力后的位移为：

$$w(x, t) = \sum_{j=1}^{\infty}\frac{\varphi_j^2(x_0)}{\rho A\omega_j} \times \frac{\int_0^t P(\tau)\sin\omega_j(t-\tau)\mathrm{d}\tau}{\int_0^L\varphi_j^2(x)\mathrm{d}x}$$

$$(2\text{-}20)$$

从式 (2-14) 和式 (2-20) 可以看出，尾梁的响应是系统各阶模态响应的综合因素，不同的激励条件下，能激起不同模态的响应。煤和矸石下落冲击尾梁是一个复杂的随机过程，无法用一固定的数学模型进行描述，因此需要大量的实验进行统计分析，发现其规律。

2.2
信号的拾取

放顶煤过程中，煤或矸石的下落对液压支架尾梁形成冲击，造成尾梁的振动，下落过程中同时会产生相应的声波信号。如何拾取放顶煤过程中的尾梁的振动和声波信号，是研究煤矸界面自动识别的重要步骤之一。

2.2.1 传感器的选用原则

本书研究放煤时的尾梁振动信号和声波信号，因此需选择合理的传感器采集现场信号。对于尾梁振动信号，采用加速度传感器采集。对于声波信号，采用声压传感器采集。而正确地选择传感器应考虑以下技术指标[64]。

① 灵敏度　通常在线性范围内，灵敏度越高越好。因为灵敏度越高，传感器输出量也就越大。但是，灵敏度过高也会带来问题，因为灵敏度越高，传感器的输出受外界干扰的影响越大。因此，为了保证所采集的信号的可靠性，需要具有较高的信噪比。

② 频率响应特性　频率响应特性指的是灵敏度在频率变化时的特征，包括两个方面：一是传感器的输出是否失真，二是传感器响应时间的长短。在测量频率范围内，响应

煤矸界面的自动
识别技术

时间越短越好。

③ 线性范围　线性范围的大小表征了传感器测量范围，在线性范围内，传感器的输出与测量信号具有比例关系。因此所测量的信号范围要在传感器线性范围内或者近似线性范围内，只有这样才能保证所测的信号不失真。

④ 稳定性　传感器经过使用一段时间后，其性能保持不变的能力称为稳定性。要根据具体的环境合理地选择传感器。影响稳定性的因素包括温度、湿度、电磁辐射、空间限制等。对于振动传感器，还要考虑附加质量等因素。

⑤ 精度　精度是传感器的一个重要技术指标，根据测量的目的合理地选择精度要求。定量分析选择精度高的传感器，定性分析选择精度低的传感器即可。

2.2.2　振动信号传感器

测量振动一般使用加速度计，因为加速度计具有许多优点，包括频率范围宽、动态范围大、线性度好、稳定性高和安装方便。本书研究中选择丹麦 B&K 公司 4508 型传感器采集振动信号，此传感器采用恒流源线驱动为传感器内置放大电路供电。使用加速度计准确地测量液压支架尾梁振动的前提，是加速度计要与尾梁保持刚性连接。本书研究中采用磁性底座安装方式，磁性底座非常适用于现场快速测量。这种安装方法会降低安装共振频率，大约 7kHz，从而使最高可用频率下降到 2kHz（即 1/3 安装共振频率附近）。尾梁振动为低频振动，且 B&K 公司 4508 型传感器重量为 4.8g，所以此传感器满足测量要求。4508 型传感器实物如图 2-2 所示，其具体参数如表 2-1 所示。

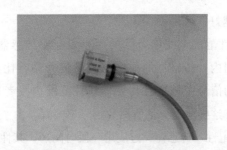

图 2-2　B&K 4508 型传感器

表 2-1　B&K 4508 型传感器参数

参数	量值
量程	$-71\sim71g$
灵敏度	97.17mV/g
频率范围	$0.5\sim6000$Hz
安装谐振频率	22kHz
分辨率	0.0002g
安装方式	磁性底座
传感器供电	恒流源供电（$2\sim20$mA）
温度范围	$-54\sim+121$℃
重量	4.8g

2.2.3　声波信号传感器

本书课题选用丹麦 B&K 公司的 4189 型声压传感器采集拾取放顶煤过程中煤矸混放声波信号。B&K 4189 型传感器属于声压传感器，前置可用恒流源供电，不需要极化电压，特别是其对湿度影响不敏感，因此比较适合应用于放顶煤现场信号采集的环境。其具体实物如图 2-3 所示，参数如表2-2所示。

煤矸界面的自动
识别技术

图 2-3　B&K 4189 型传感器

表 2-2　B&K 4189 型传感器参数

参数	量值
灵敏度	44.6mV/Pa
频率范围	1～22kHz
本底噪声	14.6dB
分辨率	0.1dB
传感器供电	恒流源供电（2～20 mA）
温度范围	−10～150℃

2.3
实验系统概述及传感器安装

　　本书实验所采用的煤矸信号数据采集系统的结构组成如图 2-4 所示。本系统包括加速度传感器、声压传感器、丹麦 B&K 公司的便携式振动声波信号检测仪、PULSE 软件系统、无线路由器等，主要用于放顶煤过程中尾梁振动信号和声波信号的数据采集、数据记录、数据分析等工作。PULSE 系统是由丹麦 B&K 公司开发的，它是世界上第一个噪声、振动多分析仪系统，能够同时进行多通道、实时、快速傅里叶变换、总级值等分析。PULSE 系统的平台包括软件、硬件两个部分：

① 硬件部分为 3560B 型数据采集前端；

② 软件部分为 7700 型平台软件及其应用软件。

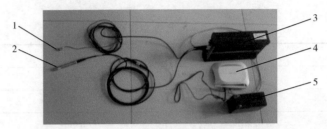

图 2-4　数据采集系统图

1—振动传感器；2—声波传感器；3—3560B 数据采集前端；

4—无线路由；5—电源

数据采集过程如下：

3560B 型数据采集前端采集振动和声音信号，经网线传输至无线宽带路由器并由其实现无线发射，笔记本自带无线网卡接收并存储数据。

传感器安装位置对采集信号至关重要，通过分析现场发现，煤或矸石下落时，主要冲击液压支架尾梁和溜槽，因此可考虑把传感器安装在以上两处。但经过大量的采集实验发现，传感器安装在溜槽时，容易被下落的煤和矸石埋没。并且由于放煤过程中，不断喷撒水用于防尘，会对传感器造成破坏。再者溜槽运输机的运行对采集信号造成了很大的干扰，给下一步的分析带来不必要的麻烦。因此将传感器安装在液压支架尾梁上是一个理想的选择，可选择安装在尾梁的侧面或背面。为了对比传感器安装在尾梁侧面和背面的效

煤矸界面的自动
识别技术

果，在地面进行了模拟实验。采用两个 B&K 4508 型传感器同时采集尾梁侧面和背面的振动信号，尾梁侧面的振动信号如图 2-5 所示，尾梁背面的振动信号如图 2-6 所示。

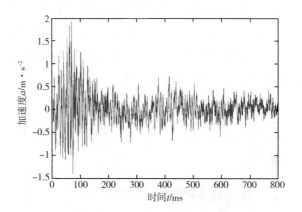

图 2-5　尾梁侧面振动信号

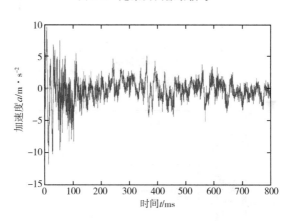

图 2-6　尾梁背面振动信号

对比图 2-5 和图 2-6 可以发现，尾梁背面信号振幅明显大于侧面信号，并且信号的密集程度也大于侧面信号。因为尾梁正面即为煤或矸石碰击部位，因此尾梁背面振动相比侧面更能准确地反映尾梁上部的冲击情况，即煤或矸石下落时的情况。

用同样的方法选择声波信号传感器的位置，可选择远离尾梁背面或者直接紧贴尾梁背面采集声波信号。图 2-7 为远离尾梁背面位置的声波信号，图 2-8 为紧贴尾梁背面的声波信号。对比测量效果可以发现，安装在尾梁背面采集到的信号的幅值更大，相比安装在其它部位更能准确地采集放落时的声波信号。

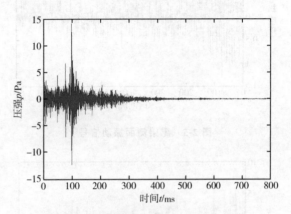

图 2-7　远离尾梁背面位置的声波信号

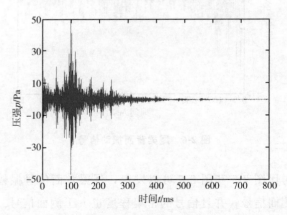

图 2-8　紧贴尾梁背面位置的声波信号

煤矸界面的自动
识别技术

根据对比图 2-7 和图 2-8，选择将传感器安装在液压支架尾梁背面。由于尾梁背部装有插板和液压缸，特别是插板要来回伸缩，传感器的安装位置有限，因此需要对尾梁进行加工以便安装传感器。传感器安装位置示意图如图 2-9 所示，液压支架如图 2-10 所示，经过加工后的尾梁及传感器安装位置如图 2-11 所示。

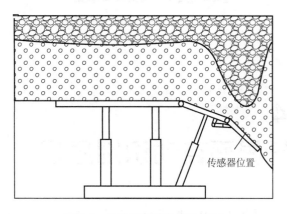

图 2-9　传感器安装位置示意图

图 2-10　液压支架

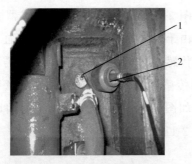

图 2-11 传感器现场安装位置图
1—B&K 4508 型传感器；2—B&K 4189 型传感器

2.4
煤矸界面自动识别原理

在放顶煤过程中，煤或矸石下落撞击液压支架的尾梁，引起尾梁振动，并因碰撞发出声波。由于煤和矸石物理学性能不同，造成的振动和声波也有所不同，因此可以通过检测尾梁的振动和声波信号达到煤矸界面识别的目的。其实质是模式识别，包括煤下落和矸石下落两种模式。模式识别包括特征提取和识别两个问题，识别流程如图 2-12 所示。

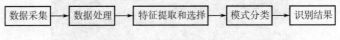

图 2-12 煤矸界面识别流程

本书研究所有数据全部采集于放煤现场，由于技术条件限制，识别过程采用离线方式，即现场采集数据并存储，实

煤矸界面的自动
识别技术

验室中利用 MATLAB 软件进行分析。

2.5
现场综放工作面

　　本书研究所有数据采集于兖矿集团兴隆庄煤矿 1306 工作面，采煤方式为一刀一放。放煤步距确定为 0.8m，煤厚 7.34～8.90m，平均 8.40m（工作面探煤厚资料中煤层厚度含夹矸厚度）。工作面范围内煤层结构复杂，距顶板 2.8m 左右发育一厚 0.03m 的炭质细砂岩夹矸；距底板 3.2m 左右发育一厚 0.2～1.2m，平均 0.41m 的灰白色炭质泥岩夹矸；该层夹矸仅在轨顺靠近停采线附近厚度较大，其他地方大都在 0.2～0.5m 之间，故可不作为分层依据。$f=2.5\text{kg/cm}^2$，煤层普氏系数 f 一般在 2.3kg/cm^2 左右，为软到中等硬度。

　　煤层坚固性的大小用坚固性系数 f 来表示，又称为硬度系数或普氏硬度系数。f 值的计算方法如下所示：

$$f=R/100 \tag{2-21}$$

式中　R——岩石标准试样的单向极限抗压强度值，单位 kg/cm^2。

　　常用的普氏岩石分级法就是根据坚固性系数来进行岩石分级的，如下所示：

　　① 极坚固岩石：$f=15～20\text{kg/cm}^2$（坚固的花岗岩、石灰岩、石英岩等）；

　　② 坚硬岩石：$f=8～10\text{kg/cm}^2$（如不坚固的花岗岩、坚固的砂岩等）；

③ 中等坚固岩石：$f = 4 \sim 6 \text{kg/cm}^2$（如普通砂岩、铁矿等）；

④ 不坚固岩石：$f = 0.8 \sim 3 \text{kg/cm}^2$（如黄土仅为 0.3kg/cm^2）。

强度是指矿岩抵抗压缩、拉伸、弯曲及剪切等单向作用的性能。而坚固性所抵抗的外力却是一种综合的外力。实验场所 1306 工作面煤层顶底板情况如表 2-3 所示。

表 2-3　煤层顶底板情况

顶底板名称	岩石名称	岩性及物理力学性质
老顶	中砂岩	少量燧石及菱铁质点，粒度向下渐粗，底部以粗粒为主，上部以硅质胶结为主，微层状缓波状层理为主，少量斜层理小于 $10° \sim 21°$；$f = 6.0 \sim 16.0$
直接顶	粉砂岩	含苛达树等叶化石，显隐伏微波状水平层理，$f = 5.7 \text{kg/cm}^2$
伪底	泥岩	灰褐色，含植物化石碎片，遇水变软膨胀，$f = 5.7 \text{kg/cm}^2$
直接底	粉砂岩	深灰色，水平层理发育，较坚硬，$f = 5.7 \text{kg/cm}^2$
老底	中砂岩	灰白色，层状，具斜层理，致密坚硬，成分以石英、长石为主，硅质胶结；$f = 6.0 \sim 11.0 \text{kg/cm}^2$

1306 工作面采用双滚筒电牵引机组割底煤和支架尾梁插板伸缩摆动落下位顶煤，矿山压力破碎上位顶煤，并借助插板破碎大块煤，防止堵塞放煤口的综合落煤方式，割煤截深 0.8m。放煤采用本架操作，由顶板压力、支架反复支撑，尾梁上下摆动，插板来回伸缩等综合方式放煤，并根据不同进刀方式确定放煤顺序，放煤步距 0.8m。

采集数据时，现场支架操作人员配合采集实验数据，操作尾梁下降，收回插板，顶煤下落，此时采集落煤振动和声

煤矸界面的自动
识别技术

波信号。当发现矸石下落时，记下时间，以作为落煤和落矸的一个分界时间，然后继续采集信号，大约 20s 后，尾梁上升，伸出插板，堵住放煤口，数据采集完毕。

 ## 本章小结

本章首先对尾梁的振动进行了理论建模及分析，发现在煤和矸石下落随机冲击尾梁过程中，尾梁的振动行为无法用一固定的数学模型进行描述。提出尾梁的振动行为具有统计规律的观点，为后续模式特征的提取及识别提供了理论依据。按照传感器的选用原则，并根据现场环境情况以及尾梁振动特点讨论了传感器的选用方法。选择合理的传感器，设计了放顶煤煤矸界面识别实验数据采集系统，确定了实验数据采集方案。通过分析大量的现场数据，对比分析了传感器分别安装在液压支架尾梁不同部位时的效果，结果表明，传感器安装在液压支架尾梁背面为最佳测量位置。对液压支架进行了改造，以便传感器安装在最佳位置。在生产现场拾取振动和声波信号，为进一步分析提取煤矸界面识别特征提供了全面而丰富的数据。介绍了现场工作面的情况，详细分析了顶底板岩石的组分和硬度等物理特性，为分析后续的谱图及其与尾梁振动状态之间的物理联系提供了科学依据。

第3章

基于局域波分解的
振动信号特征
提取与识别

信号分为确定性信号和随机信号。确定性信号可以准确地用一个时间函数来表示，并且可以准确地进行再现。而随机信号则不能用一个时间函数准确地描述，也不能再现，因此只能用统计的方法进行研究。随机信号根据其统计量是否变换分为平稳随机信号和非平稳随机信号。对于确定性和平稳随机信号，频谱和功率谱分析是现在最常用的两种频域分析手段，谱图上的任意一条谱线代表同一频率的周期信号，且存在于整个时域内，这类信号称为全域波。如果随机信号的特征随着时间的变换而变化，那么此随机信号为非平稳随机信号，它们的频率也是随时间变化的。如果只存在于某一局部时间内，这类信号称为局域波。局域波分解方法是一种新的时频分析方法，是由经验模态分解法（Empirical Mode Decomposition，EMD）发展起来的。1998 年，Norden E. Huang 等人提出了经验模态分解法，其核心为以具有时变振幅和时变频率信号的瞬时频率为理论基础，把复杂的原始信号分解成简单的有限个分量，称为内蕴模式函数（Intrinsic Mode Functions，IMF），亦可以称为固有模态函数，用于非平稳信号分析与处理[65]。随后 Norden E. Huang 等人及世界各国研究人员对此法的理论数学基础、算法的改进[66-72]以及在地球物理、故障检测[73-77]等各种领域的应用进行了研究。人们通过在各个应用领域的检验发现此种信号处理技术相对于传统的方法更有效，可以获得更好的结果。

本章采用经验模态分解的方法对液压支架尾梁的振动信号进行处理，首先提出了三种煤矸振动特征的提取方法，分别是基于 IMF 分量的能量特征提取方法、基于 IMF 分量的

煤矸界面的自动
识别技术

峭度特征提取方法、基于 IMF 分量的波峰因子特征提取方法。结合 Hilbert 变换，又提出了另外三种煤矸振动特征提取的方法，分别是基于的 Hilbert 谱能量的特征提取方法、基于 Hilbert 边际谱能量的特征提取方法、基于 IMF 分量的 Hilbert 边际谱能量的特征提取方法。然后，理论上分析了能量图谱与尾梁振动状态之间的物理联系。最后，以马氏距离统计判别法结合 IMF 分量的能量、峭度和波峰因子三种特征，分别对尾梁振动信号进行了识别。

3.1
Hilbert 变换

传统的傅里叶变换对处理平稳信号非常有效，分解出来的频率分布于整个信号的长度，而对于非平稳信号，因其频率是时变的，因此傅里叶变换处理非平稳信号具有很大的局限性[78-80]。而经过实践验证，Hilbert 变换是研究信号瞬时特性的有效工具。对于非平稳信号，采用 Hilbert 变换把实信号变成复信号来处理，即解析信号。最终得到时频平面上的 Hilbert 能量分布谱图，准确地表达信号在时频面上的各类信息[81-83]。

3.1.1 连续信号的 Hilbert 变换

假定 $x(t)$ 为一实信号，那么解析信号 $z(t)$ 可由 $x(t)$ 构造，表示为：

$$z(t) = x(t) + j\hat{x}(t) \tag{3-1}$$

解析信号 $z(t)$ 的傅里叶变换 $Z(\omega)$：

$$Z(\omega) = X(\omega) + j\hat{X}(\omega) \tag{3-2}$$

因时域解析信号 $z(t)$ 与频域信号 $Z(\omega)$ 之间存在对应关系，所以 $\hat{X}(\omega)$ 为：

$$\hat{X}(\omega) = \pm jX(\omega) \tag{3-3}$$

将式（3-3）代入式（3-2）可得

$$Z(\omega) = \begin{cases} 2X(\omega), & \omega \geqslant 0 \\ 0, & \omega \leqslant 0 \end{cases} \tag{3-4}$$

为了得到时域信号 $\hat{x}(t)$ 的计算式，将式（3-4）中的 $Z(\omega)$ 写为如下形式：

$$Z(\omega) = 2X(\omega)U(\omega) \tag{3-5}$$

对 $U(\omega)$ 做奇、偶分解，得：

$$U(\omega) = \frac{1}{2}[1 + \text{sgn}(\omega)] \tag{3-6}$$

将式（3-6）代入式（3-5），得：

$$Z(\omega) = X(\omega) + X(\omega)\text{sgn}(\omega) \tag{3-7}$$

将式（3-7）代入式（3-2），可得 $\hat{X}(\omega)$ 的计算式为：

$$\hat{X}(\omega) = -jX(\omega)\text{sgn}(\omega) \tag{3-8}$$

如果把 $H(\omega) = -j\text{sgn}(\omega)$ 当作系统传递函数，把 $X(\omega)$ 当作系统的输入，把 $\hat{X}(\omega)$ 当作系统的输出，那么式（3-8）可变为式（3-9）：

$$\hat{X}(\omega) = X(\omega)H(\omega) \tag{3-9}$$

输入信号 $X(\omega)$ 通过传递函数 $H(\omega)$ 发生的变化，从系统传递函数的频域特性可以看出，包括相频和幅频两部分。

$$H(\omega) = -j\text{sgn}(\omega) = \begin{cases} -j, & \omega \geqslant 0 \\ +j, & \omega \leqslant 0 \end{cases} \tag{3-10}$$

若将系统记为 $H(\omega) = |H(\omega)|e^{j\phi(\omega)}$，那么系统函数的

煤矸界面的自动
识别技术

振幅谱和相位谱可分别表示为：

$$|H(\omega)|=1$$

$$\phi(\omega)=\begin{cases}-\dfrac{\pi}{2},\ \omega\geqslant 0\\[2mm]+\dfrac{\pi}{2},\ \omega\leqslant 0\end{cases} \tag{3-11}$$

从式（3-11）可以看出，信号 Hilbert 变换后，其幅频特性没有发生变化，信号的相频特性发生了变化，这是 Hilbert 变换的一个特点。

对式（3-9）中的 $X(\omega)$ 和 $H(\omega)$ 分别求傅里叶反变换，得：

$$\begin{cases}X(\omega)\rightarrow x(t)\\[2mm]H(\omega)=-\mathrm{jsgn}(\omega)\rightarrow\dfrac{1}{\pi t}=h(t)\end{cases} \tag{3-12}$$

根据时域卷定理，可得 Hilbert 变换的时域卷积式为：

$$\hat{x}(t)=\frac{1}{\pi t}*x(t)=\frac{1}{\pi}\int_{-\infty}^{+\infty}\frac{x(\tau)}{t-\tau}\mathrm{d}\tau \tag{3-13}$$

将式（3-8）写成：

$$\hat{X}(\omega)=-\mathrm{j}X(\omega)\mathrm{sgn}(\omega)=\mathrm{j}X(\omega)\mathrm{sgn}(-\omega) \tag{3-14}$$

并将式（3-14）两端乘以 $-\mathrm{jsgn}(-\omega)$，得：

$$X(\omega)=-\mathrm{j}\hat{X}(\omega)\mathrm{sgn}(-\omega) \tag{3-15}$$

对式（3-15）中的 $X(\omega)$ 和 $-\mathrm{jsgn}(-\omega)$ 分别求傅里叶反变换，得：

$$\begin{cases}\hat{X}(\omega)\rightarrow\hat{x}(t)\\[2mm]-\mathrm{jsgn}(-\omega)\rightarrow-\dfrac{1}{\pi t}\end{cases} \tag{3-16}$$

由时域卷积定理，可得 Hilbert 反变换的时域卷积表达式为：

$$x(t) = \hat{x}(t) * \frac{-1}{\pi t} = -\frac{1}{\pi}\int_{-\infty}^{+\infty}\frac{\hat{x}(t)}{t-\tau}d\tau \qquad (3\text{-}17)$$

式（3-13）和式（3-17）说明解析信号 $z(t)$ 的实部 $x(t)$ 和虚部 $\hat{x}(t)$ 式互为 Hilbert 变换关系，因此以上两式可称为连续时间信号的 Hilbert 变换对。

3.1.2 离散时间信号的 Hilbert 变换

假定 $x(t)$ 的 Hilbert 变换是 $\hat{x}(t)$，h 为 $\hat{x}(t)$ 的单位冲击响应，对 $h(t)$ 进行单位抽样，抽样周期为 2π，那么频率范围为 $-\pi \sim \pi$，得到抽样结果为 $h(n)$，那么 $h(n)$ 为一离散信号，对其应用离散傅里叶变换，结果如式（3-18）：

$$H(\omega) = \begin{cases} -j, & 0 \leqslant \omega \leqslant \pi \\ +j, & -\pi \leqslant \omega \leqslant 0 \end{cases} \qquad (3\text{-}18)$$

对式（3-18）进行离散傅里叶反变换，就可得到离散 Hilbert 变换的单位抽样，表达如下：

$$\begin{aligned}
h(n) &= \frac{1}{2\pi}\int_{-\pi}^{0}je^{j\omega n}d\omega - \frac{1}{2\pi}\int_{0}^{\pi}je^{j\omega n}d\omega \\
&= \frac{1}{2\pi n}\left[2 - e^{-j\omega n} - e^{j\omega n}\right] \\
&= \frac{1}{2\pi n}\left[2 - \cos(n\pi)\right] = \frac{1}{\pi n}\left[1 - \cos(n\pi)\right] \\
&= \frac{1-(-1)^n}{n\pi} = \frac{2}{n\pi}
\end{aligned} \qquad (3\text{-}19)$$

式中，n 为奇数。

$$\begin{aligned}
h(n) &= \frac{1}{2\pi}\int_{-\pi}^{0}je^{j\omega n}d\omega - \frac{1}{2\pi}\int_{0}^{\pi}je^{j\omega n}d\omega \\
&= \frac{1}{2\pi n}\left[2 - e^{-j\omega n} - e^{j\omega n}\right]
\end{aligned}$$

煤矸界面的自动
识别技术

$$= \frac{1}{2\pi n}\left[2 - \cos(n\pi)\right] = \frac{1}{\pi n}\left[1 - \cos(n\pi)\right]$$

$$= \frac{1 - (-1)^n}{n\pi} = 0 \tag{3-20}$$

式中，n 为偶数。

可以得到离散时间信号 $x(n)$ 的 Hilbert 变换为：

$$\hat{x}(n) = x(n) * h(n) = \frac{2}{\pi}\sum_{-\infty}^{+\infty}\frac{x(n-2m-1)}{(2m+1)} \tag{3-21}$$

由 $x(n)$ 和 $\hat{x}(n)$ 构成的解析信号为：

$$z(n) = x(n) + j\hat{x}(n) \tag{3-22}$$

3.2
瞬时频率和固有模态函数

对于平稳信号，经过傅里叶变换后得到的频率是一个正弦波或者余弦波，并且存在于整个时域范围内。但当信号的周期小于一个正弦波或者余弦波的周期时，那么傅里叶变换得到的频率就不能如实地反映信号的频率。而对于非平稳信号来说，就是包含这样的信号，所以传统的频率概念不能反映出非平稳信号的频域情况。因此提出瞬时频率的概念，它是时间的函数。但是目前瞬时频率的定义方法不统一。不过自从有了 Hilbert 变化以后，定义瞬时频率的困难基本得到解决。

对于任意一实函数 $x(t)$，它的 Hilbert 变换为：

$$y(t) = \frac{1}{\pi}P\int_{-\infty}^{+\infty}\frac{x(t)}{t-\tau}\mathrm{d}\tau \tag{3-23}$$

式中 P ——柯西（Cauchy）主值。

由 $x(t)$ 和 $y(t)$ 可构造解析信号 $z(t)$：

$$z(t) = x(t) + \mathrm{j}y(t) = a(t)\mathrm{e}^{\mathrm{j}\theta(t)} \qquad (3\text{-}24)$$

式中 $a(t)$ ——解析信号 $z(t)$ 的瞬时幅值，$a(t) =$

$\sqrt{x^2(t) + y^2(t)}$ ；

$\theta(t)$ ——解析信号 $z(t)$ 的瞬时相位，$\theta(t) = \arctan$

$\dfrac{y(t)}{x(t)}$ 。

对瞬时相位求导得到：

$$\omega(t) = \frac{\mathrm{d}\theta(t)}{\mathrm{d}t} \qquad (3\text{-}25)$$

由式（3-25）可以看出，瞬时频率是时间 t 的函数。在给定的任意时刻，只有一个频率值，它只能代表一个成分，因此为"单一成分"函数。但是，没有一个明确的定义来确定一个"单一成分"函数。由于缺乏精确的定义，目前常把"窄带"作为对数据的限制，以使信号的瞬时频率具有意义。带宽的定义有两个：第一种定义方法是基于谱的阶矩，即单位时间所期望的过零点的个数：

$$N_0 = \frac{1}{\pi}\left(\frac{m_2}{m_0}\right)^{1/2} \qquad (3\text{-}26)$$

单位时间内极点的个数为：

$$N_1 = \frac{1}{\pi}\left(\frac{m_4}{m_2}\right)^{1/2} \qquad (3\text{-}27)$$

式中，m_i 为谱的第 i 阶矩。

由式（3-26）和式（3-27）定义参数 v：

$$N_1^2 - N_0^2 = \frac{1}{\pi} \times \frac{m_4 m_0 - m_2^2}{m_2 m_0} = \frac{1}{\pi}v^2 \qquad (3\text{-}28)$$

当 $v = 0$ 时，因为零点和极点数相等，此时信号为窄带

煤矿界面的自动
识别技术

信号，这种定义用于研究信号和波形的概率特性。

第二种为更一般性的定义方法，同样是基于谱矩的，称为带宽方程，采用极坐标的理论进行研究：

$$Z(t) = a(t) e^{i\theta(t)} \tag{3-29}$$

式中，$a(t)$ 和 $\theta(t)$ 是时间的函数。

设 $S(\omega)$ 是上述函数的谱，则其平均频率为：

$$\overline{\omega} = \int \omega \mid S(\omega) \mid^2 d\omega \tag{3-30}$$

也可以用式（3-31）表示：

$$\overline{\omega} = \int \dot{z} \frac{1}{i} \times \frac{d}{dt} z(t) d(t) = \int \left(\dot{\theta}(t) - i \frac{a(t)}{a(t)} \right) a^2(t)$$

$$= \int \dot{\theta}(t) a^2(t) dt \tag{3-31}$$

Cohen 认为 $\dot{\theta}$ 就是瞬时频率。采用这种方法，根据式（3-28）和式（3-31），带宽可以定义为：

$$v^2 = \frac{1}{\overline{\omega}^2} \left\{ \int \dot{a}^2(t) dt + \int [\dot{\theta}^2(t) - \overline{\omega}]^2 a^2(t) dt \right\} \tag{3-32}$$

式（3-32）表明，带宽是两项的平均值，一项取决于幅度，另外一项取决于相位。

简单的 Hilbert 变换不能表达出一个一般信号所有范围的瞬时频率，因此可先把数据分解成简单的基本模式向量，这种基本模式向量即为固有模态函数分量。满足以下两个条件的信号称为固有模态函数：

① 信号在整个时间长度内，极值点的数量和过零点的数量相等，或者相差最多不能超过一个；

② 在任一时刻，分别由局部极小值点连接而成的下包络线和由局部极大值点连接而成的上包络线的平均值为零，也就是说上、下包络线相对于时间轴局部对称。

从定义中可以看出，固有模态函数能够反映信号内部固有的波动性，在它的每一个周期上仅包含一个波动模态，不存在多个波动模态混淆的现象。

3.3
局域波分解过程

对复杂的非平稳信号分解成简单的固有模态函数分量，称为局域波分解。分解包括两个部分：均值求解过程和分量提取过程，其流程如图 3-1 所示。

3.3.1 均值求法

求取信号的平均值是局域波分解的第一步，目前主要存在三种求法：上下包络法、自适应时变滤波法以及极值域均值法。

（1）上下包络均值法

此法是基于对原信号的直接观察，从连续交替的局部最大值与最小值或者从连续的过零点来识别信号的特性。可分别用 3 次样条曲线对得到局部最大值和最小值点进行拟合，得到上下包络线，这样信号所有数据将被包含于上下包络之间。

（2）自适应时变滤波法

此法首先找到原信号 $x(t)$ 全部的局部极大值点和极小值点，与上述方法不同的是，其不用区分局部最大还是最小值，以这些极值点组成一个新的序列 $\{e(t_i)\}$，其中 t_i 为第

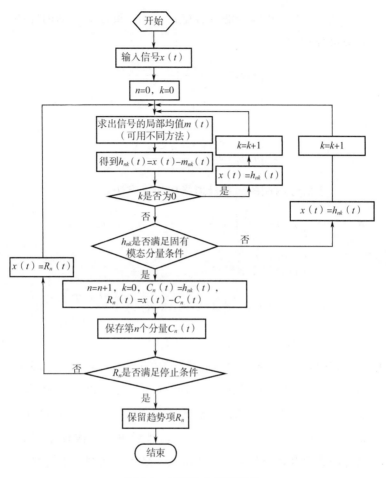

图 3-1　局域波分解流程图

i 个局部极值点的时间坐标值，然后任意选取三个连续的局部极值点 $e(t_i)$、$e(t_{i+1})$ 和 $e(t_{i+2})$，用式（3-33）来计算 t_{i+1} 时刻的局部均值 $m(t_{i+1})$：

$$m(t_{i+1}) = h(t_i)e(t_i) + h(t_{i+1})e(t_{i+1}) +$$
$$h(t_{i+2})e(t_{i+2}) \qquad (3\text{-}33)$$

式（3-33）中时变滤波器在 t_i、t_{i+1} 和 t_{i+2} 时刻的脉冲响应值分别为：

$$
\begin{cases}
h(t_i) = \dfrac{1}{2}\left(\dfrac{t_{i+2}-t_{i+1}}{t_{i+2}-t_i}\right) \\[2mm]
h(t_{i+1}) = \dfrac{1}{2} \\[2mm]
h(t_i) = \dfrac{1}{2}\left(\dfrac{t_{i+1}-t_i}{t_{i+1}-t_i}\right)
\end{cases}
\tag{3-34}
$$

对于信号两端的局部最值采用如下方法：

$$
m(t_0) = \frac{1}{2}x(0) + \frac{1}{2}\left(\frac{t_1}{2t_1-t_2}\right)[e(t_1)-e(t_1)+e(t_0)] +
$$

$$
\frac{1}{2}\left(\frac{t_2-t_1}{2t_1-t_2}\right)e(t_1)
\tag{3-35}
$$

$$
m(T) = \frac{1}{2}x(T) + \frac{1}{2}\left(\frac{t_n-t_{n-1}}{T-t_{n-1}}\right)e(t_n) + \frac{1}{2}\left(\frac{T-t_n}{T-t_{n-1}}\right)
$$

$$
[e(t_n)-e(t_{n-1})+x(T)]
\tag{3-36}
$$

式中，$x(0)$ 表示信号起始点的值；$x(T)$ 表示信号终点的值；$m(t_0)$ 表示起点的局部均值；$m(T)$ 表示终点的局部均值。求出所有位于局部极值点的局部均值：$m(t_0)$，$m(t_1)$，$m(t_2)$，…，$m(t_n)$，…，$m(T)$，然后再用三次样条对其进行函数拟合，得到局部均值函数，最后再按照上下包络线法进行处理。

（3）极值域均值法

首先求出极值点处的均值，但求均值时使用了与其相邻的两个极值点间所有数据，然后求得的局部均值进行三次样条函数拟合，得到信号的均值曲线。这种方法只需要一次样条拟合。

根据定积分的中值定理，设函数 $f(x)$ 在闭区间 $[a,b]$

煤矸界面的自动
识别技术

上连续，则在积分区间至少存在一个点 ξ 使得下式成立，即

$$f(\xi) = \frac{1}{b-a} \int_a^b f(x) \, \mathrm{d}x \qquad (3\text{-}37)$$

利用式（3-37），对离散信号可通过极值点之间的离散数据和相邻两极值点之间的局部均值来求。首先找到原始信号全部的局部极值点，并组成一个新的序列 $\{e(t_i)\}$，其中 $t_i(i=1, 2, \cdots, N)$ 为第 i 个局部极值点的时间坐标，N 为极值点总数。则由原始信号 $x(t)$ 的数据序列，对 t_i 和 t_{i+1} 时刻的极值点的局部均值可由式（3-38）求得：

$$m_i(t_\xi) = \frac{1}{t_{i+1} - t_i + 1} \sum_{t=t_i}^{t_{i+1}} x(t) \qquad (3\text{-}38)$$

由于信号数据在极值点一般是均匀变换，其均值的位置可近似地认为在两个极值点的中点处，即

$$m_i\left(\frac{t_i + t_{i+1}}{2}\right) = \frac{1}{t_{i+1} - t_i + 1} \sum_{t=t_i}^{t_{i+1}} x(t) \qquad (3\text{-}39)$$

同理，t_i 和 t_{i+1} 时刻两个极值点之间的局部均值 m_{i+1}：

$$m_{i+1}\left(\frac{t_{i+1} + t_{i+2}}{2}\right) = \frac{1}{t_{i+2} - t_{i+1} + 1} \sum_{t=t_{i+1}}^{t_{i+2}} x(t) \qquad (3\text{-}40)$$

然后以两个相邻的局部均值 m_i 与 m_{i+1} 的加权平均值作为 t_{i+1} 处的极值点的局部均值 $m(t_{i+1})$，即

$$m(t_{i+1}) = h(t_i)m_i\left(\frac{t_i + t_{i+1}}{2}\right) + h(t_{i+1})m_{i+1}\left(\frac{t_{i+1} + t_{i+2}}{2}\right)$$

$$(3\text{-}41)$$

式中，$h(t_i) = \dfrac{t_{i+1} - t_i}{t_{i+2} - t_i}$；$h(t_{i+1}) = \dfrac{t_{i+2} - t_{i+1}}{t_{i+2} - t_i}$。

通过波形匹配求出起始点和终点处的局部均值，求出信号中和边界三角形最匹配的波形，用这个波形来预测边界点的值，这样可以降低边界的影响，即边界效应。

对起始点的局部均值，先由 $x(0)$、$e(t_1)$ 和 $e(t_2)$ 构造一个三角形，然后按照两个步长依次向右移动，每移动一步就得到一个相应的三角形，三角形的三个顶点为 $x(i)$、$e(t_i)$ 和 $e(t_{i+1})$，其中 $x(i)$ 由式（3-42）可求得：

$$x(i) = e(t_{i-1}) + \frac{t_i - t_{i-1} - t_1}{t_1 - t_{i-1}}[e(t_i) - e(t_{i-1})]$$

$$(3\text{-}42)$$

通过式（3-43）得到两个匹配波形误差 E 的最小值：

$$E = |x(0) - s(t_i)| + |e(t_1) - e(t_i)| + |e(t_2) - e(t_{i+1})|$$

$$(3\text{-}43)$$

那么此时的波形就与起始点的三角波相匹配，从而得到起始点的局部均值点：

$$m(0) = m(k) + \frac{t_1}{t_k - t_{k-1}}[m(k-1) - m(k)] \quad (3\text{-}44)$$

式（3-44）中的 $m(k)$ 是 t_k 处的局部均值点，同理可得终点的局部均值 $m(T)$。

得到各极值点的局部均值后，采用与自适应时变滤波法相同的处理方法得到均值曲线。

3.3.2　分量提取

设信号为 $x(t)$，根据固有模态函数定义，用 m^k 代表对信号 $x(t)$ 求 k 次均值，则第一个固有模态函数 c_1 定义为 $x(t)$ 与 $mx(t)$ 的差值，即 c_1 由式（3-45）可得：

$$c_1 = x(t) - mx(t) \quad (3\text{-}45)$$

得到 c_1 后，以 $x(t) - c_1$ 为新的信号再进行分解，便可求出第二个固有模态函数分量 c_2，以此类推直至得到第 n 个固有模态函数分量 c_n，$c_1 \sim c_n$ 的表达式为：

煤矸界面的自动
识别技术

$$\begin{cases} c_1 = x(t) - mx(t) \\ c_2 = x(t) - c_1 - m[x(t) - c_1] = mx(t) - m^2x(t) \\ c_3 = x(t) - c_1 - c_2 - m[x(t) - c_1 - c_2] = m^2x(t) - m^3x(t) \\ \vdots \\ c_n = x(t) - c_1 - c_2 \cdots - c_{n-1} - m[x(t) - c_1 - c_2 - \cdots - c_{n-1}] \\ \quad = m^{n-1}x(t) - m^nx(t) \end{cases}$$

$$(3\text{-}46)$$

以上分解直至满足以下两个条件即可停止：

① c_n 或者剩余分量 $m^nx(t)$ 小于预先设定的值；

② 当 $m^nx(t)$ 变为单调函数，无法再分离出固有模态函数分量。

由式（3-46）原始信号 $x(t)$ 可分解为 n 个固有模态函数分量 c_1，c_2，$\cdots$，c_n 以及一个剩余分量 $m^nx(t)$，即

$$x(t) = \sum_{i=1}^{n} c_i + m^nx(t) \qquad (3\text{-}47)$$

3.4
基于局域波分解的尾梁振动信号分析

选用丹麦 B&K 公司的 4508 型加速度传感器，拾取放顶煤过程中分别是煤和矸时尾梁振动信号。采样频率为 2560Hz，数据长度为 800ms，采样点数为 2048。液压支架型号为 ZFS7200，由现场工作人员负责控制尾梁的升降及插板的收放。开始放煤的时候放下尾梁，收起插板，打开放煤

口，煤下落冲击尾梁，沿着尾梁滚动下落到运输设备。当发现有矸石下落时，收起插板，升起尾梁，关闭放煤口。图 3-2 为落煤时尾梁的振动信号，图 3-3 为落矸时的尾梁振动信号。

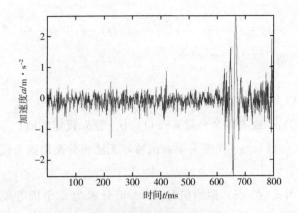

图 3-2　落煤时尾梁振动信号

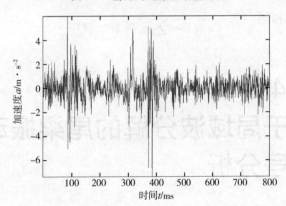

图 3-3　落矸时尾梁振动信号

3.4.1　尾梁振动信号的局域波分解

经验模态分解法在以振动信号为研究对象的各种检测分

煤矸界面的自动
识别技术

类和定位中得到广泛应用，其均值求法是采用自适应时变滤波法[84-91]。经验模态分解方法是基于对信号的直接观察，在信号的时间特性上凭经验识别它的振荡模态，通过观察信号，从连续交替的局部最大值与最小值直接识别信号的不同特性，依次为依据进行分解。根据分解原理对落煤和落矸时尾梁的振动信号分别进行经验模态分解，落煤时，依次分解为 10 个分量 $c_1 \sim c_{10}$ 和一个剩余分量 r_{10}，$c_1 \sim c_{10}$ 包含的频率依次为减小，剩余分量 r_{10} 代表信号的趋势项，如图 3-4 所示。落矸时分解为 8 个分量，$c_1 \sim c_8$ 包含的频率依次减小，剩余分量 r_8 代表趋势项，如图 3-5 所示。由于局域波分解是一种自适应分解方式，没有固定的基函数，因此，不同的信号分解出来的分量数目亦不一定相同。

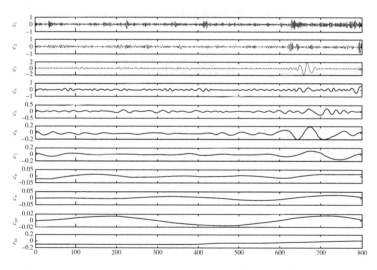

图 3-4　落煤尾梁振动信号的 IMF 分量

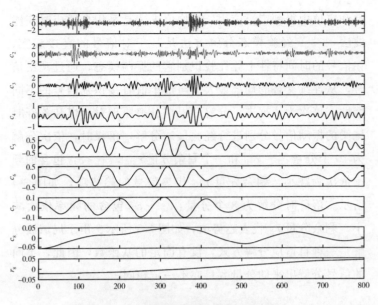

图 3-5 落矸尾梁振动信号的 IMF 分量

3.4.2 基于局域波分解的煤矸界面特征提取 方法

为了更直观明确地反映煤矸界面的特征，对分解后的各分量可以进一步处理，提取特征参数。

基于经验模态方法振动信号特征向量的提取可分为以下三个步骤：

① 利用 EMD 方法对尾梁振动信号分解，得到各阶固有模态函数。

② 对各阶固有模态函数进一步分析，根据尾梁振动信号的特点，提取有效的特征参数。这些特征参数包括有效值、峰值、峰值因子、脉冲因子、能量、峭度和波峰因

煤矸界面的自动
识别技术

子等。

（a）有效值　有效值为振动信号振幅的均方根值。当煤或者矸石落在尾梁上时，其振动信号为非稳定信号，信号的瞬时值具有时变特性，其有效值计算方法如式（3-48）所示：

$$Rms = \sqrt{\frac{1}{N} \sum_{i=1}^{N} (x_i - \overline{x})^2} \tag{3-48}$$

（b）峰值　峰值的大小表示尾梁振动信号幅值的变化范围。使用峰值特征可以十分方便地检测煤和矸石冲击尾梁的情况。峰值计算方法如式（3-49）所示：

$$Peak = \frac{1}{2} [\max(x_i) - \min(x_i)] \tag{3-49}$$

（c）峰值因子　峰值因子为尾梁振动信号峰值与有效值的比值，表示信号的波动情况。峰值因子计算方法如式（3-50）所示：

$$Crest\ Factor = \frac{\frac{1}{2}[\max(x_i) - \min(x_i)]}{\sqrt{\frac{1}{N} \sum_{i=1}^{N} (x_i - \overline{x})^2}} \tag{3-50}$$

（d）脉冲因子　脉冲因子为尾梁振动信号的峰值和均值的比值。其计算方法如式（3-51）所示：

$$Inpulse\ Factor = \frac{\frac{1}{2}[\max(x_i) - \min(x_i)]}{\frac{1}{N} \sum_{i=1}^{N} |x_i|} \tag{3-51}$$

（e）能量　尾梁振动信号的能量计算方法如式（3-52）所示：

$$E_i = \int_0^T |x_i(t)|^2 \mathrm{d}t \tag{3-52}$$

（f）峭度　峭度是一个无量纲特征，它是对信号的一个标准化描述，对冲击信号特别敏感，其计算方法如式（3-53）所示：

$$Kurtosis = \frac{\frac{1}{N}\sum_{i=1}^{N}(x_i - \overline{x})^4}{\left(\sqrt{\frac{1}{N}\sum_{i=1}^{N}(x_i - \overline{x})^2}\right)^4} \qquad (3-53)$$

（g）波峰因子　波峰因子描述了振动信号能量集中程度，是振动信号有效值和振动信号均值的比值，其计算方法如式（3-54）所示：

$$Shape\ Factor = \frac{\sqrt{\frac{1}{N}\sum_{i=1}^{N}(x_i - \overline{x})^2}}{\frac{1}{N}\sum_{i=1}^{N}|x_i|} \qquad (3-54)$$

式（3-48）、式（3-50）、式（3-51）、式（3-53）、式（3-54）中，N 为信号采样点数；x_i 为尾梁振动信号的离散序列；$\overline{x}$ 为尾梁振动信号离散序列的平均值。

③选取代表振动信号主要特征的 k 个分量并进行归一化处理，构成特征向量 P：

$$P = [P_1, P_2, P_3, \cdots, P_k] \qquad (3-55)$$

根据上述方法，对现场采集的信号进行特征提取，信号的类型为：尾梁振动信号（如图 3-2 所示），矸石下落尾梁振动信号（如图 3-3 所示）。通过经验模态分解后得到固有模态函数分量，然后对每个分量再进一步处理。通过对比发现，落煤和落矸两种振动信号各阶固有模态函数的能量、峭度和波峰因子三个特征参数具有明显的区别。为了方便对比，对所计算出的所有 IMF 的能量、峭度和波峰因子进行了归一化处理，计算结果如下。

（1）基于 IMF 能量的煤矸特征

计算结果如图 3-6 所示。

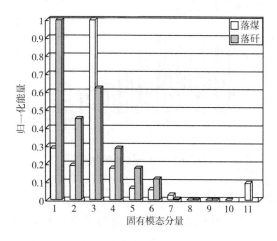

图 3-6　归一化能量分布

从图 3-6 可以看出，落煤时，第 3 个固有模态函数能量具有最大值，而落矸时，第 1 个固有模态函数能量具有最大值，因此可以以分解后各个固有模态函数的归一化能量作为特征来识别两种信号，达到识别煤矸界面的目的。同时，从第 1 个固有模态函数到最末一个固有模态函数，其频率分布是逐渐降低的。落矸时，第 1 个固有模态函数能量具有较大值，说明尾梁振动信号在高频部分分布了较高的能量。相比之下，落煤时，第 3 个固有模态函数能量具有较大值，说明尾梁振动信号能量更趋向于在中低频分布。

（2）基于 IMF 峭度的煤矸特征

计算结果如图 3-7 所示。

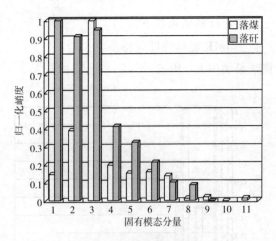

图 3-7 归一化峭度分布

从图 3-7 中可以看出，落煤时，第 3 个固有模态函数峭度具有最大值，其他固有模态函数的峭度较小，而落矸时，第 1~第 3 三个固有模态函数的峭度具有较大的值，跟落煤时具有很大的区别，因此，以此为特征，可以达到识别煤矸界面的目的。

（3）基于 IMF 波峰因子的煤矸特征

计算结果如图 3-8 所示。

从图 3-8 中可以看出，落煤时只有第 2、3 两个固有模态函数的波峰因子较大，而落矸时，第 1~第 3 三个固有模态函数波峰因子都较大，波峰因子较大值的分布比落煤时要广泛。因此，以此为特征，可以达到识别煤矸界面的目的。

同时，波峰因子是有效值和均值的比值，反映能量的集中程度。从图 3-8 中波峰因子的分布情况可以看出，落矸时尾梁的振动能量分布比落煤时更加广泛，这与 IMF 边际谱所体现出来的能量分布特征是相一致的（图 3-13~图 3-16）。

通过以上分析可以得出，应在包含高频部分的固有模态

煤矸界面的自动
识别技术

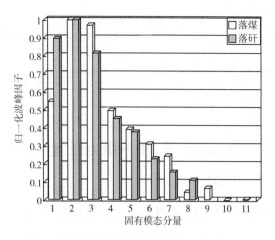

图 3-8　归一化波峰因子分布

函数处提取特征参数进行识别煤矸界面。通过图 3-6～图 3-8 的分析结果可知，能量、峭度和波峰因子三种特征参数均可用于识别煤矸界面。因此可以选择前 5 个固有模态函数的归一化能量、峭度和波峰因子组成特征向量，用于识别煤矸界面。组成后的能量特征向量如表 3-1 所示，峭度特征向量如表 3-2 所示，波峰因子特征向量如表 3-3 所示。

表 3-1　能量特征向量

信号种类	IMF1	IMF2	IMF3	IMF4	IMF5
落煤特征向量	0.149901	0.395305	1	0.198309	0.157085
落矸特征向量	1	0.912361	0.950853	0.41538	0.323187

表 3-2　峭度特征向量

信号种类	IMF1	IMF2	IMF3	IMF4	IMF5
落煤特征向量	0.286689	0.192681	1	0.173662	0.065557
落矸特征向量	1	0.453404	0.619659	0.286044	0.173871

表 3-3　波峰因子特征向量

信号种类	IMF1	IMF2	IMF3	IMF4	IMF5
落煤特征向量	0.54798	1	0.972086	0.499274	0.392937
落矸特征向量	0.898233	1	0.814747	0.447713	0.379976

3.4.3　振动信号的 Hilbert 谱和边际谱分析

对原始信号采用经验模态分解后得到多个固有模态函数分量，然后对每一个函数分量进行 Hilbert 变换，得到 Hilbert 谱和边际谱。

由于分解后，剩余余量 $m^n x(t)$ 为一趋势项或常量，对各分量进行 Hilbert 变换时，可作为一个长周期的一部分，应用中可忽略。对各个固有模态函数进行 Hilbert 变换构造 $c_i(t)$ 的解析函数 $z_i(t)$ 为：

$$z_i(t) = c_i(t) + \mathrm{j}\hat{c}_i(t) = a_i(t)\mathrm{e}^{\mathrm{j}\theta_i(t)} \qquad (3\text{-}56)$$

式中　　$\hat{c}_i(t)$ ——$c_i(t)$ 的 Hilbert 变换，$\hat{c}_i(t) = \dfrac{1}{\pi} P \displaystyle\int_{-\infty}^{+\infty} \dfrac{c_i(\tau)}{t-\tau}\mathrm{d}\tau$ ；

$a_i(t)$ ——$c_i(t)$ 的瞬时幅值，$a_i(t) = \sqrt{c_i^2(t) + \hat{c}_i^2(t)}$ ；

$\theta_i(t)$ ——$c_i(t)$ 的瞬时相位，$\theta_i(t) = \mathrm{Arctan}\left[\dfrac{\hat{c}_i(t)}{c_i(t)}\right]$ 。

瞬时频率则表示为：

$$\omega_i(t) = \frac{\mathrm{d}\theta_i(t)}{\mathrm{d}t} \qquad (3\text{-}57)$$

由此可见，其幅值和相位为时间 t 的函数，是时变的。

原始信号 $x(t)$ 可以表示为所有分量的解析函数的和，即

$$x(t) = \mathrm{Re} \sum_{i=1}^{n} a_i(t) \mathrm{e}^{\mathrm{j}\theta(t)} \qquad (3\text{-}58)$$

式中，Re 表示复函数的实部。

如果 $x(t)$ 采用傅里叶级数展开，则

$$x(t) = \mathrm{Re} \sum_{i=1}^{\infty} a_i \mathrm{e}^{\mathrm{j}\omega_i t} \qquad (3\text{-}59)$$

由式（3-59）可以看到，原始信号 $x(t)$ 通过局域波分解，可以用一个幅值和频率可变的信号进行描述，而傅里叶变换是把信号以幅值和频率都固定的信号进行描述。从信号分解的基函数理论角度上来说，局域波分解法的基函数由函数自身决定，即是自适应，不是固定的基函数，不同的信号分解后的基函数是不一样的，所以采用局域波分解可以得到较好的分解效果。

根据式（3-58），可在三维空间里把信号 $x(t)$ 表示为时间与频率的函数，这种在时频平面上的信号幅度分布被称为 Hilbert 时频谱，也称为 Hilbert 谱，用 $H(\omega, t)$ 表示：

$$H(\omega, t) = \mathrm{Re} \sum_{i=1}^{n} a_i(t) \mathrm{e}^{\mathrm{j}\theta(t)} \qquad (3\text{-}60)$$

根据式（3-60）计算出两种信号的 Hilbert 谱如图 3-9 和图 3-10 所示。从图 3-9 可以看出，落煤时的尾梁振动能量主要集中分布在 200Hz 以下的低频段，而能量高点主要分布于 0～100Hz 的低频段。而从图 3-10 可以看出，落矸时的尾梁振动能量集中分布在 0～200Hz 和 600～1000Hz 这两个频段内，而能量高点在这两个频段内也分布较广。因此，落矸时的振动信号在高频部分比落煤信号具有更多的能量。

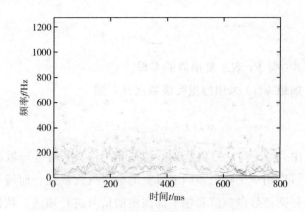

图 3-9　落煤振动信号的 Hilbert 谱

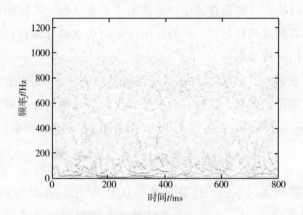

图 3-10　落矸振动信号的 Hilbert 谱

为了进一步揭示信号能量的分布情况，可对时间进行积分得到边际谱 $h(\omega)$：

$$h(\omega) = \int_0^T H(\omega, t) \mathrm{d}t \tag{3-61}$$

对于离散信号，其边际谱是所有时刻下的瞬时频率为 ω 幅值 $a(t)$ 的和。因此，瞬时频率 ω 的边际谱表示信号中瞬时频率为 ω 的总能量的大小。把不同时刻但具有相同瞬时频

煤矸界面的自动
识别技术

率的所有能量或者幅值加起来就是信号中该频率的总能量或者总幅值，即该频率成分的边际谱能量或者幅值。边际谱代表了在整个频率范围内不同的频率对整个幅度贡献的一个测度，它表示了统计意义上全部数据长度的累加幅度。每一频率成分并非一定在整个信号长度内都存在，总幅值是真实的各时间点瞬时幅值的累加，因此边际谱更能反映信号频率分布的真实情况[92,93]。

图 3-11 和图 3-12 分别为两种信号的边际谱，对比两图可以发现，落煤时，尾梁振动信号的能量主要分布在频率 0～100Hz 的低频范围内；而落矸时，尾梁振动的能量分布比落煤时更为广泛，主要分布在频率 0～200Hz 和频率 600～1000Hz 范围内，在高频段具有一定的能量分布，因此可以依此判断放落情况[94,95]。同时，从图 3-11 和图 3-12 的总体来看，低频部分幅值较大，能量较高，是主要的尾梁振动；高频部分幅值较小，能量较低，是次要的尾梁振动。这与图 3-6 所体现出来的能量分布特征是相吻合的。这是符合大型

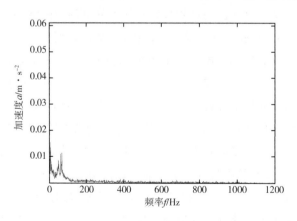

图 3-11　落煤振动信号的边际谱

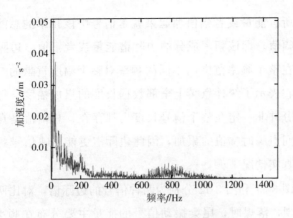

图 3-12　落矸振动信号的边际谱

机械的振动特点的，符合实际的。煤或矸冲击尾梁时，由于煤矸的大小块、密度、普氏硬度系数等多个因素的影响，使得传递给尾梁的能量是不确定的，个体之间是无法比较的。但从统计平均的观点出发，并结合现场工作实际，落矸将会比落煤传递给尾梁更多的能量，从而导致边际谱在高频段有一定的能量分布。

　　为了进一步分析信号的能量分布，求出分解后的各分量的边际谱，落煤振动信号分解后的各分量的边际谱如图 3-13 和图 3-14 所示，高频能量分布在 c_1 和 c_2，而 c_1 和 c_2 幅值极小，具有较小的能量；低频能量分布在 $c_3 \sim c_{10}$，可以看出 c_3、c_6、c_7、c_9 幅值较大，具有较大的能量；因此信号的能量主要集中分布在频率为 $0 \sim 100\,\mathrm{Hz}$ 范围内。

　　落矸振动信号分解后的各分量的边际谱如图 3-15、图 3-16所示，高频能量分布在 c_1 和 c_2，特别是 c_1 在 $600 \sim 1000\,\mathrm{Hz}$ 频率段内具有一定的能量；低频能量分布在 $c_3 \sim c_8$，可以看出 c_4、c_5、c_6 幅值较大，具有较大的能量。因此，相对于落煤，落矸时的液压支架尾梁振动能量分布频率范围更广，高频部分具有一定的能量。

煤矸界面的自动
识别技术

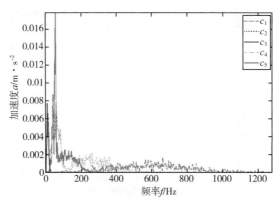

图 3-13　落煤振动信号的 IMF 边际谱（$c_1 \sim c_5$）

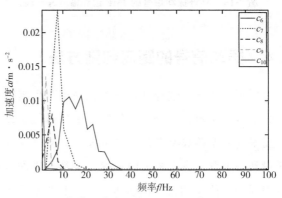

图 3-14　落煤振动信号的 IMF 边际谱（$c_6 \sim c_{10}$）

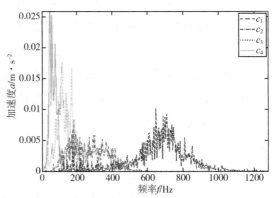

图 3-15　落矸振动信号的 IMF 边际谱（$c_1 \sim c_4$）

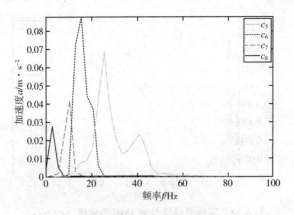

图 3-16 落矸振动信号的 IMF 边际谱（$c_5 \sim c_8$）

3.4.4 振动信号的距离判别方法

距离判别方法属于统计判别方法，采用距离判别函数区分是落煤信号还是落矸信号，首先需要根据落煤振动样本信号的特征得到一个落煤参考模式向量 $\overline{\mathbf{S}}_{R1}$，对于落矸样本信号同样得到一个落矸参考模式向量 $\overline{\mathbf{S}}_{R2}$，待识别的信号提取特征后得到一个待识别模式向量 $\mathbf{S}_x$。对于参考模式向量和待识别模式向量都为 n 维向量，因此均可视为实 n 维空间 R^n 中的点，分别称为参考点和待识别点，待识别点离哪一个参考点近，就应将待识别状态归属于相应的参考状态，从而这一识别问题就归结为 R^n 中的距离问题。常用的距离判别函数为马氏距离判别函数，计算方法如式（3-62）所示：

$$d = (\mathbf{S}_x - \overline{\mathbf{S}})' \sum{}^{-1} (\mathbf{S}_x - \overline{\mathbf{S}}) \tag{3-62}$$

式中　$\mathbf{S}_x$ ——待识别征向量；

　　　　$\overline{\mathbf{S}}$ ——参考模式向量，当计算与落煤参考向量的距离时 $\overline{\mathbf{S}}$ 为落煤参考向量 $\overline{\mathbf{S}}_{R1}$，当计算与落矸

煤矸界面的自动
识别技术

参考向量的距离时 $\overline{S}$ 为落矸参考向量 $\overline{S}_{R2}$；

$\sum$ ——协方差矩阵。

采集信号时，每台支架采集一次数据，包含一对落煤和落矸振动信号，共对 4 台液压支架进行改造进行数据采集，取得 50 组落煤振动信号和 50 组落矸振动信号。采用局域波分解方法，对这 100 组数据进行分析，得到各固有模态分量，然后取前 5 个固有模态分量，分别计算出每个信号的固有模态分量的能量、峭度和波峰因子，组成特征向量。利用 25 组落煤数据的特征向量求出落煤参考模式向量，其余 25 组落煤数据的特征向量作为待检样本；同样利用 25 组落矸数据的特征向量求出落矸参考模式向量，其余 25 组落矸数据的特征向量作为待识别样本。计算出的模式参考向量如表 3-4～表 3-6 所示。

表 3-4　能量参考特征向量

信号种类	IMF1	IMF2	IMF3	IMF4	IMF5
落煤	0.1647	0.4126	0.7901	0.5841	0.1647
落矸	0.9216	0.8803	0.8597	0.4337	0.3108

表 3-5　峭度参考特征向量

信号种类	IMF1	IMF2	IMF3	IMF4	IMF5
落煤	0.2731	0.2266	0.6279	0.5719	0.1211
落矸	0.9854	0.52906	0.5086	0.2765	0.2133

表 3-6　波峰因子参考特征向量

信号种类	IMF1	IMF2	IMF3	IMF4	IMF5
落煤	0.3355	0.8822	0.90042	0.6084	0.3428
落矸	0.3428	0.9637	0.6331	0.42651	0.3354

利用式（3-62）分别计算出马氏距离，设 d_1 为待识别向量与落煤参考向量的距离，d_2 为待识别向量与落矸参考向量的距离，如果 $d_1 < d_2$，则为落煤，如果 $d_2 < d_1$ 则为落矸。对所有待识别样本数据进行识别，结果如图 3-17～图 3-19 所示。如果落煤数据判断在落煤区域，则识别正确；如果判断在落矸区域，则识别错误。同理，如果落矸数据判断在落矸区域，则识别正确；如果落判断在落煤区域，则识别错误。

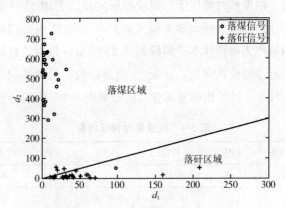

图 3-17　基于 IMF 能量的信号识别结果

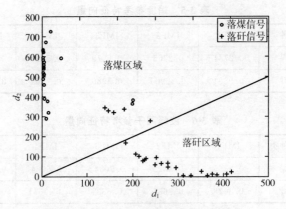

图 3-18　基于 IMF 峭度的信号识别结果

煤矸界面的自动
识别技术

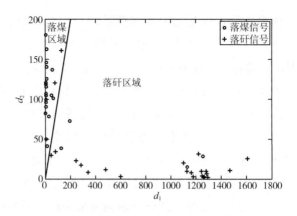

图 3-19　基于 IMF 波峰因子的信号识别结果

从图 3-17 基于 IMF 能量特征识别结果可以看出，在落煤时，有 1 组信号识别错误，识别率为 96%；在落矸时，有 3 组信号识别错误，识别率为 88%。总体看来，50 组数据中 4 组数据识别错误，总体识别率为 92%。

从图 3-18 基于 IMF 峭度特征识别结果可以看出，在落煤时，25 组数据均得到正确识别，识别率为 100%；在落矸时，5 组信号识别错误，识别率为 80%。总体看来，50 组数据中 5 组数据识别错误，总体识别率为 90%。

从图 3-19 基于 IMF 波峰因子识别结果可以看出，在落煤时，4 组信号识别错误，识别率为 84%；在落矸时，2 组信号识别错误，识别率为 92%。总体看来，50 组数据中 6 组数据识别错误，总体识别率为 88%。

综合对比图 3-17～图 3-19 所体现出来的总体识别率发现，总体识别率都超过 88%，因此以 IMF 能量特征、IMF 峭度特征和 IMF 波峰因子特征均能对落煤和落矸两种状况进行一定识别。再次，基于 IMF 能量特征的总体识别率达到 92%，均高于基于 IMF 峭度特征、基于 IMF 波峰因子特征的总体识别率，这是与落煤和落矸的信号特征息息相关的。由落煤和落矸时的 IMF 边际谱图（图 3-13、图 3-15）可以看出，总体上，落矸时的幅值比落煤时的幅值波动更剧烈。而峭度正是反映振动信号的幅值分布特性的数值统计量，因此，基于 IMF 峭度特征得到了较高的总体识别率。通过对图 3-17～图 3-19 里各类信号的识别率的对比发现，基于 IMF 能量特征的识别率无论是在落煤还是在落矸时都达到了 88％以上，高于其他两种特征的识别率。从图 3-13、图 3-15 可以看出，落煤和落矸时的能量集中程度差别极大，因此，以 IMF 的能量组成的特征向量对于识别两类振动信号较为敏感。

 本章小结

本章详细阐述了局域波分解方法的原理，根据局域波分解原理对振动信号进行了分解，提取了反映煤矸界面的特征。本章首先对连续 Hilbert 的变换和离散 Hilbert 变换进行了介绍，结合 Hilbert 变换提出瞬态频率和固有模态函数的概念，然后讨论了局域波分解方法，给出了详细的分解流程。介绍了三种均值的求法：上下包络均值法、自适应时变滤波法和极值域均值法。采用经验模态分析方法对落煤和落矸两种情况下的尾梁振动信号进行了分解，得到信号各个固有模态函数，并对各个固有模态进一步分析，提取了能量、峭度和波峰因子等相关的特征参数。结合 Hilbert 变换，得到了原始信号的时频谱、边际谱以及分解后各个固有模态函数的边际谱，并对谱图特征及其物理意义进行了理论分析。最后，利用 IMF 分量的能量、峭度和波峰因子三种特征，

　　煤矸界面的自动
　　识别技术

结合马氏距离统计判别法，分别对尾梁振动信号进行了识别。

本章取得了如下结论：

① 局域波分解法是一种新的具有自适应的信号处理方法，是处理非平稳信号强有力的工具。尾梁振动信号具有非平稳特性，因此局域波分解法为分析尾梁信号提供了一条新途径。经验模态分解不需要预先选择基函数，其分解后得到的固有模态函数具有自适应性、完备性和局部正交性，反映了原始信号的固有特性，且具有多分辨分析的特性，为尾梁振动信号的分析提供了条件。

② 根据分析经验模态分解后的各个固有模态函数可知，对于尾梁振动信号高频部分的固有模态分量在落矸时相比落煤时具有明显的差异。选择代表高频部分的固有模态函数的能量、峭度和波峰因子等参数组成特征向量，提出三种定量提取煤矸振动特征的方法：基于 IMF 分量的能量特征提取方法、基于 IMF 分量的峭度特征提取方法、基于 IMF 分量的波峰因子特征提取方法。

③ 结合 Hilbert 变换，在频域内得到三种煤矸振动特征，分别是基于振动信号的 Hilbert 谱能量的特征、基于振动信号的 Hilbert 边际谱能量的特征和基于 IMF 分量的 Hilbert 边际谱能量的特征。对三种特征进行分析可知，落煤和落矸信号最根本的区别在于频域中的高频部分，落矸时的尾梁振动信号较落煤时包含更多的高频能量。尾梁振动信号低频部分幅值较大，能量较高，是主要的尾梁振动；高频部分幅值较小，能量较低，是次要的尾梁振动。

④ 利用马氏距离统计判别法，分别基于 IMF 分量的能量、峭度和波峰因子三种特征进行了识别，总体识别率都超

过 88%。对于各类信号的识别率，基于 IMF 能量特征的识别率无论是在落煤还是在落矸时都达到了 88% 以上，这是因为落煤和落矸时的能量集中程度差别极大。因此，以 IMF 的能量组成的特征向量对于识别两类振动信号最为敏感。

煤矸界面的自动
识别技术

第4章

声波信号的时间序列建模与分析

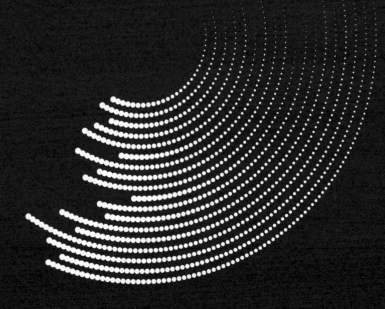

时间序列（Time Series）可以看为白噪声通过一个随机系统时得到的一个序列。时间序列分析是对有序的随机数据进行统计学意义上的处理与分析研究的一种数学方法。它首先由观测数据拟合一个时序模型，然后对该时序模型进行分析研究，是一种处理动态数据的参数化方法[96]。

时间序列是一个动态过程，包含 4 个方面的信息：

① 输出数据序列的特性；

② 相应系统的特性；

③ 外界对系统的作用；

④ 系统与外界的联系方式。

在工程中，主要应用于以下 6 个方面[97]：

① 系统辨识；

② 系统的分析；

③ 谱分析；

④ 模式识别（工况监视、医疗诊断、故障诊断等方面）；

⑤ 模态参数估计；

⑥ 预测与控制。

本章首先介绍了时间序列分析的基本原理、时间序列模型的类型以及建模过程。对放煤和放矸两种工况下的声波信号建立了 ARMA 模型，估计了两种声波信号的双谱，提出了基于对角线的能量曲线极大值点特征和残差方差的特征提取方法，并根据 EWMA（Exponentially Weighted Moving-Average）控制图理论，对放煤和放矸两种信号进行了识别。

煤矸界面的自动
识别技术

4.1
时间序列基本原理

  时间序列的含义非常广泛，其中的"时间"是广义坐标轴的含义。数据既可按照时间进行排列，也可按照空间分布进行排列，还可以按照其他的物理量进行排列。只要按照一定的规则排列起来，都可称为时间序列数据。时间序列的主要思想是：在"时间"坐标轴上的某一坐标值观测到的某个变量的值与此坐标值之前和之后此变量的值是有联系的，因此此时间序列可以用适当的数学模型来近似地描述，通过研究和分析所建立的数学模型，更能本质地了解此时间序列的内在结构和其它特性，可以用于分析、识别、控制和预报。

  设 $\{x_t\}$ $(t = \cdots, -2, -1, 0, 1, 2, \cdots)$ 是一个在时间上无限延伸的时间序列，那么可采用式（4-1）对该序列进行描述：

$$x_t = f(x_{t-1}, x_{t-2}, \cdots) + a_t \tag{4-1}$$

  式中，函数 f 表示 t 时刻的数据与之前时刻的数据具有联系；而 a_t 代表 t 时刻出现的新的变化，这种变化是随机的，并且是同 t 时刻以前的情况是无关的。

  式（4-1）的可以表示为线性方式：

$$x_t = \varphi_1 x_{t-1} + \varphi_2 x_{t-2} + \cdots + \varphi_p x_{t-p} + a_t \tag{4-2}$$

其中可设 a_t 是一正态的白噪声序列，那么其平均值是

一固定的常数，通常可假设此常数为 0，那么

$$E(a_t)=0 \qquad (4\text{-}3)$$

$$E(a_t a_{t-1})=\sigma_a^2 \delta_k \qquad (4\text{-}4)$$

式中，δ_k 是 Kroneker 符号，当 $k=0$ 时，$\delta_k=1$，当 $k\neq 0$ 时，$\delta_k=0$；σ_a^2 为 a_t 的方差。式（4-3）和式（4-4）表明，白噪声时间序列中的各个随机变量是不具有相关性的，与其他统计量没有任何联系。

如果用 B 表示后移算子，那么 $Bx_t=x_{t-1}$，$\cdots$，$B^k x_t=x_{t-k}$，则式（4-2）可以写成：

$$(1-\varphi_1 B-\varphi_2 B^2-\cdots-\varphi_p B^P)x_t=a_t \qquad (4\text{-}5)$$

简记为：

$$\varphi(B)=a_t \qquad (4\text{-}6)$$

如果把算子 $\varphi(B)$ 的逆算子记为：

$$\theta(B)=\varphi^{-1}(B) \qquad (4\text{-}7)$$

则可得到：

$$x_t=\theta(B)a_t \qquad (4\text{-}8)$$

同理，$\theta(B)$ 可写成：

$$\theta(B)=1-\theta_1 B-\theta_2 B^2-\cdots-\theta_q B^q \qquad (4\text{-}9)$$

则式（4-2）可写成：

$$x_t=a_t-\theta_1 a_{t-1}+\theta_2 a_{t-2}+\cdots+\theta_q a_{t-q} \qquad (4\text{-}10)$$

式（4-10）表明，一个时间序列 $\{x_t\}$ 可以认为是由一个相互独立的白噪声序列 $\{a_t\}$ 通过一个线性滤波器 $\theta(B)$ 而产生的，也即时间序列 $\{x_t\}$ 变成了不相关或独立白噪声输入的一个结果。

煤矸界面的自动
识别技术

4.2
时间序列模型类型

对于平稳时间序列，常用的模型包括三种：自回归模型（Autoregressive，AR）、滑动平均模型（Moving Average，MA）、自回归滑动平均模型（Autoregressive Moving Average，ARMA）[98]。其中，自回归模型和滑动平均模型是自回归滑动模型的两种特殊形式。这三种模型是应用最为广泛的模型，对处理平稳时间序列十分有效，如果实际应用中处理的是非平稳时间序列，那么可以通过数据平稳化方法使非平稳序列变为平稳序列，常用的平稳化方法为数据进行差分的方法，然后选择运用上述模型，那么此时的模型为自回归综合滑动平均模型（Autoregressive Integrated Moving Average，ARIMA）。

4.2.1 AR 自回归模型

设 $\{x_t\}$ 为一随机时间序列，随机变量 t 时刻的值可以用 t 时刻以前的值的线性组合表示，表达式如下：

$$x_t = \varphi_1 x_{t-1} + \varphi_2 x_{t-2} + \cdots + \varphi_p x_{t-p} + a_t \quad (t = 1, 2, 3\cdots)$$

$$(4-11)$$

上述数学模型称为自回归模型，其中 p 为模型的阶数，$\varphi_i (i=1, 2, \cdots, p)$ 为模型的自回归系数；a_t 代表一个白噪声序列，其平均值为 0，方差为 σ_a^2，且符合正态分布，可表示为 $a_t \sim N(0, \sigma_a)$。从模型中可以看出，数据 t 时刻的值

与 t 时刻以前序列的值是相关的。自回归模型可简记为 AR（p）。

AR（p）模型中 a_t 需要满足两个条件：

① $\{a_t\}$ 在任一时刻的值与其他时刻的值不相关；

② $\{a_t\}$ 与任一随机变量在 $k(k < t)$ 时刻的值 x_k 不相关。

采用 AR（p）模型拟合某序列 $\{x_t\}$ 后，如果得到的残差序列 $\{a_t\}$ 不符合上面两个条件，那么 $\{a_t\}$ 就不是白噪声序列，该序列不能用自回归模型进行拟合。

4.2.2 MA 滑动平均模型

时间序列模型：

$$x_t = a_t - \theta_1 a_{t-1} + \theta_2 a_{t-2} + \cdots + \theta_q a_{t-q} \qquad (4\text{-}12)$$

称为滑动平均模型，q 为模型的阶数；$\theta_j(j = 1, 2, \cdots, q)$ 为滑动平均系数。序列 t 时刻的值为白噪声序列 $\{a_t\}$ 中 t 时刻到 $(t-q)$ 时刻的值的线性组合。从模型中可以看出，与自回归模型不同，随机序列 t 时刻的值跟过去的值无关，可简记为 MA（q）。MA（q）模型包含 $q+1$ 个参数：θ_1，θ_2，$\cdots$，θ_q 和 σ_a^2。

4.2.3 ARMA 自回归滑动平均模型

如果模型中既有自回归参数，又有滑动平均参数，那么此模型为自回归滑动平均模型（Autoregressive Moving Average），其数学表达式为：

$$x_t - \varphi_1 x_{t-1} + \varphi_2 x_{t-2} + \cdots + \varphi_p x_{t-p} =$$
$$a_t - \theta_1 a_{t-1} + \theta_2 a_{t-2} + \cdots + \theta_q a_{t-q} \qquad (4\text{-}13)$$

煤矸界面的自动
识别技术

式（4-13）可以简记为 ARMA（p，q）。其中 p 为自回归部分的阶数；q 为滑动平均部分的阶数；$\varphi_i(i=1，2，\cdots，p)$ 为自回归参数；$\theta_j(j=1，2，\cdots，q)$ 为滑动平均参数。

当 ARMA（p，q）模型中没有滑动平均部分时，即 $q=0$ 时，ARMA 模型退化为：

$$x_t=\varphi_1 x_{t-1}+\varphi_2 x_{t-2}+\cdots+\varphi_p x_{t-p}+a_t \quad (4\text{-}14)$$

式（4-13）简化为回归部分为 P 阶的自回归模型 AR（p）。

当 ARMA（p，q）模型中没有自回归部分时，即 $p=0$ 时，ARMA 模型退化为：

$$x_t=a_t-\theta_1 a_{t-1}+\theta_2 a_{t-2}+\cdots+\theta_q a_{t-q} \quad (4\text{-}15)$$

式（4-13）简化滑动平均部分为 q 阶的滑动平均模型 MA（q）。

为了方便起见和后面的研究需要，引入线性后移算子 B，有 $B^j x_t=x_{t-j}$，则 ARMA 模型可改写为：

$$(1-\varphi_1 B^i-\cdots-\varphi_p B^p)x_t=(1-\theta_1 B^1-\cdots-\theta_q B^q)a_t$$
$$(4\text{-}16)$$

简写为：

$$\varphi(B)x_t=\theta(B)a_t \quad (4\text{-}17)$$

式中，残差 $a_t \sim N(0，\sigma_a)$；自回归算子 $\varphi(B)$ 与滑动平均算子 $\theta(B)$ 无公共因子。

可以从系统辨识的角度理解 ARMA 模型的物理意义：对所观测的时序 $\{x_t\}$ 建立 ARMA 模型，其可视为某一系统的输出。对式（4-14）移项：

$$x_t=\frac{\theta(B)}{\varphi(B)}a_t \quad (4\text{-}18)$$

从系统辨识的角度来看，如果把 a_t 作为输入，x_t 作为输出，那么 ARMA 模型则代表了一个传递函数为 $\dfrac{\theta(B)}{\varphi(B)}$ 的系统。这个系统是产生 x_t 的实际物理系统的一个等价系统。

对 $\theta(B)$、$\varphi(B)$ 进行因式分解可得到：

$$\begin{cases} \theta(B) = (1 - \lambda_1 B)(1 - \lambda_2 B)\cdots(1 - \lambda_n B) \\ \varphi(B) = (1 - \eta_1 B)(1 - \eta_2 B)\cdots(1 - \eta_n B) \end{cases} \quad (4\text{-}19)$$

式中，λ_i 为 AR 部分的特征根；η_i 为 MA 部分特征根。从系统分析的角度来看，λ_i 是系统传递函数的极点，表征系统的固有特性；η_i 是系统传递函数的零点，表征的是系统与外界的联系。因此，式（4-19）中 AR 部分的 B 算子多项式 $\theta(B)$ 表征的是等价系统本身所固有的、与外界无关的特性；MA 部分的 B 算子多项式则表征的是等价系统与外界的联系。需要强调的是，由于 ARMA 模型只是基于 $\{x_t\}$ 建立起来的，不论系统的输入是否可测，它都没有利用系统输入的任何信息。以白噪声序列 $\{a_t\}$ 作为输入，说明 ARMA 模型不需要了解系统的输入信号，而仅需输出信号 $\{x_t\}$ 即可建立系统的参数化模型。这使得时序方法能避免对结构有限元模型和荷载概率模型的依赖，可利用此模型作为判别放顶煤过程中放落的是煤还是煤矸混合物的特征，用于煤矸界面识别。

4.2.4 ARIMA 自回归综合滑动平均模型

以上三种模型是对平稳时间序列的数学描述，但实际问题中所遇到的多为非平稳时间序列。因此常采用差分的方式，使非平稳时间学序列变为平稳时间序列。因此 ARIMA 模型实际上是 ARMA 模型跟差分运算的组合。其结构模型为 ARIMA（p，d，q），其中 p 和 q 分别是自回归部分和滑动平均部分的阶，d 为差分次数。

理论上讲，足够多次的差分运算可以充分地提取原始序列中的非平稳确定性信息。但差分运算的阶数并不一定越多越好。因为差分运算是一种对信息的提取、加工过程，每次差分都会有信息的损失，所以在实际应用中差分运算的阶数应适中，以避免过度差分现象。

4.3
煤矸声波信号的时序建模

放顶煤过程中，煤或者矸石对液压支架尾梁形成冲击，即为系统输入，输出为尾梁的振动。由于系统的输入无法测量，在现场系统受到的干扰多而强，且系统边界无法确定，因此无法采用控制理论中的辨识方法。鉴于此，遂采用时间序列建模方法。

被测声波信号 $x(t)$ 是由白噪声 $n(t)$ 激励某一确定系统 $H(z)$ 所产生的，如图 4-1 所示。只要白噪声的功率及模型的参数已知，那么对测量信号的研究就转为对模型参数和性质的研究，因此可以通过辨识系统参数而达到煤矸界面识别的目的。

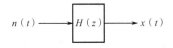

图 4-1　信号产生等效图

分别对落矸和落煤时尾梁的声波信号建立模型并分析，得到不同的模型参数，通过对这些参数的识别，从而对落煤和落矸两种状态进行识别，或者采用一固定的模型，通过判断 $n(t)$ 进行识别。

在本书中，采用 ARMA 模型对声波信号进行建模，遵循如图 4-2 所示流程。

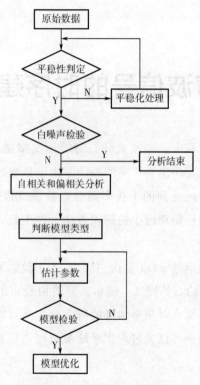

图 4-2　ARMA 建模流程

① 进行时间序列建模首先需要检验时间序列是否平稳，如果序列是非平稳序列的话，首先要进行平稳化处理，而且要检验样本的基本统计特性，这样才能保证得到的时间序列

煤矸界面的自动
识别技术

模型具有较高的可靠性和置信度，满足实际运用的精度要求。平稳化检验内容包括判断方差、均值是否为常数，检验数据的相关性，检验概率密度函数是否符合正态分布。常用平稳化处理方法包括差分、剔除趋势项或去除均值等处理。

② 计算所要建模的样本数据的自相关系数和偏自相关系数，并绘制图，根据图形的形状判断模型的类型，选择适当的 ARMA（p，q）模型进行数据拟合。

③ 估计 ARMA（p，q）模型中自回归参数和滑动平均参数的值。

④ 验证所计算出的模型的有效性。如果预先拟合的模型都不符合要求，那么重新转向第二步，再选择新的模型进行拟合。模型的有效性检验包括两部分：一是模型的显著性检验。判断得到的模型是否有效的主要依据判断提取的信息是否有效，即能否代表所要建模的数据。一个好的模型应该能够充分提取序列中的相关信息，也就是说残差项中将不具有相关性，最后的残差序列是白噪声。如果得到的残差序列经过验证为非白噪声序列，那么说明相关的信息没有完全提取，此残差中还具有有效信息，那么说明模型拟合不是有效的，应该重新换一个模型进行拟合。二是参数的显著性检验，此项检验的目的是为了使模型简单。参数的显著性检验是要检验模型中是否有为零的参数，如果模型参数为零值参数，需重新拟合参数。

⑤ 模型的优化。采用不同的准则都可以拟合模型，那么需要选择较小阶数的模型，此模型为最优模型。

4.3.1 数据预处理

数据采样频率为 $4096\mathrm{Hz}$，采样时间为 $500\mathrm{ms}$，落煤如

图 4-3 所示，落矸如图 4-4 所示[99]。

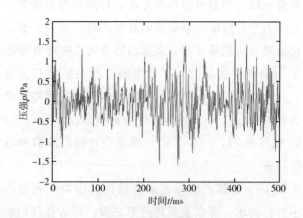

图 4-4 落煤声波信号

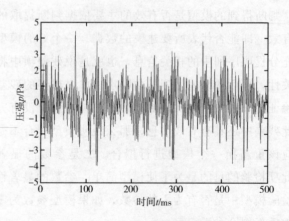

图 4-4 落矸声波信号

由于建立模型的时间序列需要平稳、正态和零均值的数据，在进行系统建模前，需要对数据进行预处理，包括：去趋势项、归一化处理。采用 2 阶差分将数据进行解耦，并把数据归到 [-1，1] 之间，处理后分析如图 4-5 和图 4-6 所

煤矸界面的自动
识别技术

示，基本符合正态分布。

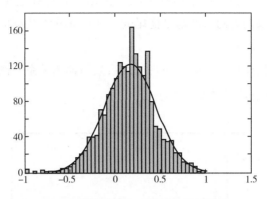

图 4-5　落煤去耦归一化后的数据概率

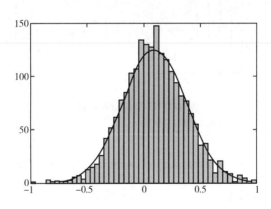

图 4-6　落矸去耦归一化后的数据概率

4.3.2　判定模型类型

根据获得的样本数据的自相关函数和偏自相关函数的形状来判断模型的类型。若样本数据的自相关函数图的形状为拖尾的，而偏相关函数的形状是截尾的，可以确定此样本数据为 AR 模型；如果样本数据的自相关函数图的形状是拖截尾的，而偏相关函数图的形状是拖尾的，可确定是 MA 模型；如果两者的形状都是拖尾的，那么此样本数据的模型为 ARMA 模型。

分别作出样本数据的自相关系数和偏相关系数图，如图 4-7～图 4-10 所示。

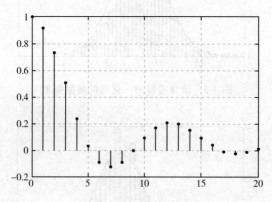

图 4-7　落煤自相关系数

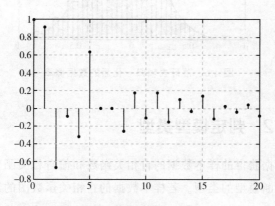

图 4-8　落煤偏相关系数

煤矸界面的自动
识别技术

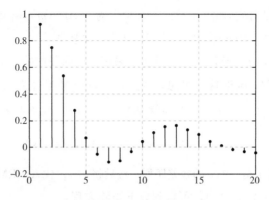

图 4-9　落矸自相关系数

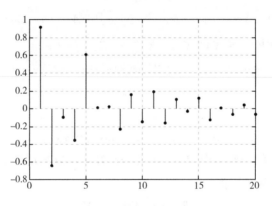

图 4-10　落矸偏相关系数

从图 4-7～图 4-10 中可以看出，自相关图和偏相关图都具有依正弦振荡衰减趋近于零的特性，由它们的衰减特点说明自相关系数和偏相关系数都是拖尾的，所以可以判断两者时间序列均为 ARMA 模型。

4.3.3　模型参数估计

本书采用长自回归计算残差法对模型参数进行估计，其基本思想是首先对时间序列 $\{x_t\}$ 拟合为一 AR（m）模型，m 为一较大值，因此称为长自回归。计算出残差序列 $\{a_t\}$ ，然后以此残差作为 ARMA 模型的残差，采用线性回归中的最小二乘法估计参数。根据这一思想，首先对振动信号拟合为 AR（m），$m \geqslant p+q$，得到自回归参数 $\varphi_i(i=1, 2, \cdots, m)$ 以及残差：$a_t = x_t - \sum\limits_{i=1}^{m} \varphi_i x_{t-i}$ ，$(t=m+1, m+2, \cdots, N)$，可以得到 $t=m+1$ 至 $t=N$ 的残差序列，然后将 $\{a_t\}$ 代入 ARMA（p, q）模型式（4-14），可得到以下矩阵方程：

$$Y = X\beta + A \tag{4-20}$$

式中，$Y = [x_{m+q+1} \, x_{m+q+1} \cdots x_N]^T$ ；$A = [a_{m+q+1} \, a_{m+q+2} \cdots a_N]^T$ ；$\beta = [\varphi_1 \varphi_2 \cdots \varphi_m -\theta_1 -\theta_2 \cdots -\theta_m]^T$

$$X = \begin{bmatrix} x_{m+q-1} \, x_{m+q-2} \cdots x_m \, a_{m+p-1} \, a_{m+p-2} \cdots a_{m+p-q} \\ x_{m+q} \, x_{m+q-1} \cdots x_{m+1} \, a_{m+p} \, a_{m+q+1} \cdots a_{m-q-p+1} \\ \vdots \quad\quad \vdots \quad\quad \vdots \quad\quad \vdots \quad\quad \vdots \quad\quad \vdots \\ x_{N-1} \, x_{N-2} \cdots x_{N-p} \, a_{N-1} \, a_{N-2} \cdots a_{N-q} \end{bmatrix}$$

因为矩阵 X 中的 x_t 和 a_t 是已知，可以采用最小二乘法估计模型参数 β：

$$\beta = (X^T X)^{-1} X^T Y \tag{4-21}$$

4.3.4　模型阶数

用 ARMA 模型实验，并采用 AIC 分析法确定系统的阶数。AIC 准则称为最小信息的辨识模型阶数准则（Akaike's Information Criterion）。该准则的基本思想是：根据计算的模型误差来进行判断，自回归模型的阶数能否符合要求，当 AIC 值为最小时确定模型的阶数。

定义准则函数为：

煤矸界面的自动
识别技术

$$AIC(n) = N\ln\sigma_a^2 + 2n \qquad (4\text{-}22)$$

式中　　σ_a^2——残差的方差。

对于给定的参数估计方法，$AIC(n)$ 是模型阶数 n 的函数，当 n 增大时，$\ln\sigma_a^2$ 变小，而 $2n$ 变大，所以使 $AIC(n)$ 值最小时的 n 是最为合适的模型阶数。

对于落煤振动信号，取自回归和滑动平均阶数相同，根据 AIC 准则计算出 1～20 阶的值，计算结果如图 4-11 所示。可以看出在 17 阶的时候，系统具有较小的 AIC 系数值为 -3.2436。图 4-12 为残差方差，是系统取各个阶数时对应的模型残差方差，可见随着模型阶数的增加，模型残差方差逐渐减小，但是很高的系统阶数在实际工程中是不常应用的。放煤时数据的模型为 ARMA（17，17）是比较合理的。

对于落矸振动信号，取自回归和滑动平均阶数相同，根据 AIC 准则计算出 1～25 阶的值，计算结果如图 4-13 所示。可以看出在 20 阶的时候，系统具有较小的 AIC 系数值为 -3.3251。图 4-14 为残差方差，是系统取不同阶数时对应的模型残差方差，放矸振动信号的模型为 ARMA（20，20）是比较合理的。

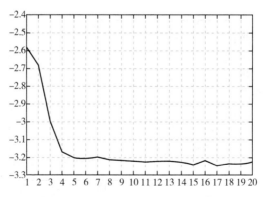

图 4-11　ARMA 模型定阶曲线图（煤）

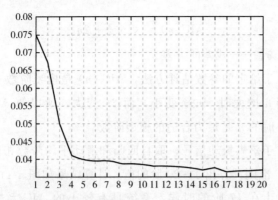

图 4-12 ARMA 模型残差方差曲线（煤）

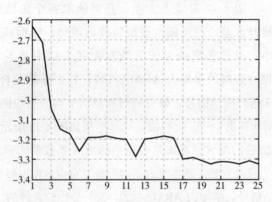

图 4-13 ARMA 模型定阶曲线图（矸）

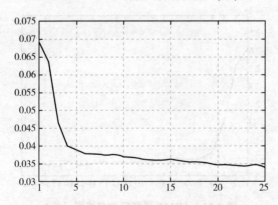

图 4-14 ARMA 模型残差方差曲线（矸）

煤矸界面的自动
识别技术

4.3.5 模型验证

经过以上步骤得到 ARMA 模型之后，为考核所建模型的优劣，一般还需对 ARMA 模型残量进行检验是不是白噪声。也就是说对模型的残差序列进行白噪声检验，如果经检验确是白噪声序列，则可认为模型是合理的，否则，就应当进一步改进模型。若得到的残差序列验证后不是白噪声序列，那么意味着残差序列中还有有用信息没有被提取完全，需要对模型重新进行识别。

利用计算模型残差验证上述得到的模型，图 4-15～图 4-17 分别为落煤建模数据的模型残差曲线图、概率密度函数直方图和正态概率图。落煤数据建模后得到残差的均值为 0.0016，方差值为 0.0365。

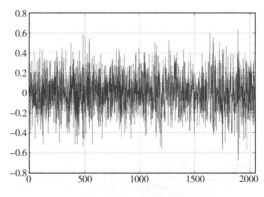

图 4-15 模型残差曲线 (煤)

图 4-18～图 4-20 分别为落矸建模数据的模型残差曲线图、概率密度函数直方图和正态概率图。落矸数据建模后得到残差的均值为 0.0018，方差值为 0.0344。

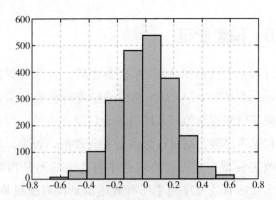

图 4-16　模型残差的概率密度直方图（煤）

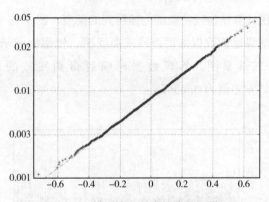

图 4-17　模型残差正态概率图（煤）

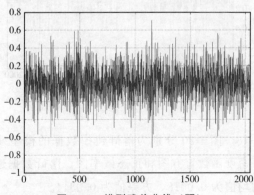

图 4-18　模型残差曲线（矸）

煤矸界面的自动
识别技术

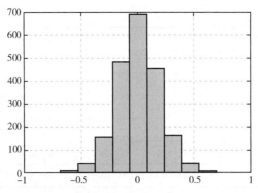

图 4-19　模型残差的概率密度直方图（矸）

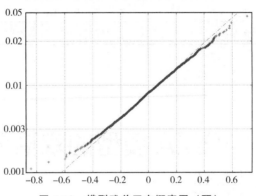

图 4-20　模型残差正态概率图（矸）

　　通过对上述的模型的残差曲线和概率密度直方图进行分析，模型的残差基本成正态分布。模型残差的均值和方差基本都为零。模型残差项为白噪声，信息提取充分。

　　最终所得到的模型参数如表 4-1 所示。

表 4-1　所得模型各参数

落煤声波信号模型参数				落矸声波信号模型参数			
$\varphi_1 \sim \varphi_{10}$	$\theta_1 \sim \theta_{10}$	$\varphi_{11} \sim \varphi_{17}$	$\theta_{11} \sim \theta_{17}$	$\varphi_1 \sim \varphi_{10}$	$\theta_1 \sim \theta_{10}$	$\varphi_{11} \sim \varphi_{20}$	$\theta_{11} \sim \theta_{20}$
-2.437	-0.624	0.5059	0.4664	-2.674	-0.8754	-2.583	-0.7711

落煤声波信号模型参数				落矸声波信号模型参数			
1.473	−1.069	1.268	0.1268	2.267	−0.7207	3	−0.2306
0.7134	1.274	−1.2	−0.4629	−1.04	0.5396	−1.133	0.6613
−0.562	−0.1734	0.1188	0.6235	2.221	0.4004	1.149	0.1623
−0.8801	−1.114	−0.0855	−0.001231	−2.97	−0.05084	−2.57	−0.219
0.8641	0.7202	0.3684	−0.3465	1.191	−0.423	1.706	−0.2268
−0.05886	0.337	−0.1576	0.1882	−0.9559	−0.1665	−0.3122	0.3138
0.3292	−0.3612	—	—	2.502	0.1963	0.6103	−0.3486
−1.259	−0.12	—	—	−1.987	0.2168	−0.816	−0.03568
−1.2	−0.4636	—	—	1.117	0.3133	0.2809	0.2653

4.4
基于 ARMA 模型的双谱分析及其特征

设随机变量 x 的特征函数为：

$$\phi(\omega) = \int_{-\infty}^{+\infty} f(x^{j\omega x}) \mathrm{d}x = E\{x^{j\omega x}\} \qquad (4\text{-}23)$$

式中，$f(x^{j\omega x})$ 为随机变量 x 的概率密度函数。如果 x 的 k 阶矩 m_k $(k = 1, 2, \cdots)$ 存在，那么 $\phi(\omega)$ 展成泰勒级数为：

$$\phi(\omega) = 1 + \sum_{k=1}^{n} \frac{m_k}{k!} (j\omega)^k + O(\omega^n) \qquad (4\text{-}24)$$

高阶矩 m_k 与 $\phi(\omega)$ 的关系为：

煤矸界面的自动
识别技术

$$m_k = (-j)^k \frac{\mathrm{d}^k}{\mathrm{d}\omega^k}\phi(\omega)\big|_{\omega=0} \tag{4-25}$$

定义随机变量 x 的累积量生成函数为：

$$\psi(\omega) = \ln\phi(\omega) \tag{4-26}$$

将 $\psi(\omega)$ 按泰勒级数展开得：

$$\psi(\omega) = \ln\phi(\omega) = \sum_{k=1}^{n} \frac{c_k}{k!}(j\omega)^k + O(\omega^n) \tag{4-27}$$

式中，c_k 定义随机变量 x 的 k 阶累积量。

功率谱定义为自相关函数的离散傅里叶变换。根据这个定义，可以定义随机信号的 k 阶谱为 k 阶累积量的 $k-1$ 维离散傅里叶变换，即

$$S_{kx}(\omega_1, \cdots, \omega_{k-1}) = \sum_{\tau=-\infty}^{\infty} \cdots \sum_{\tau=-\infty}^{\infty} c_{kx}$$

$$(\tau_1, \cdots, \tau_{k-1})\exp\left(-j\sum_{i=1}^{k-1}\omega_i\tau_i\right) \tag{4-28}$$

当 $k=3$ 时，为三阶谱，也称双谱，即

$$S_{3x}(\omega_1, \omega_2) = \sum_{\tau=-\infty}^{\infty} \sum_{\tau=-\infty}^{\infty} c_{kx}(\tau_1, \tau_2)\mathrm{e}^{-j\omega_1\tau_2} \tag{4-29}$$

双谱是功率谱的拓展，表示频域中的歪度，因此可以描述信号的非线性和非对称性。双谱可由两种形式进行估计，一种方法是采用参数模型进行估计，另一种方法是非参数化估计。相比较非参数化估计，参数模型估计具有分辨率高、估算方差小的特点，而且生成的特征较少，可以直接作为模式特征进行识别。本书采用 ARMA 模型进行估计双谱。求得 ARMA 模型的参数后，可由式（4-30）进行双谱估计：

$$S_{3x}(\omega_1, \omega_2) = \hat{r}_{3e}H(\omega_1)H(\omega_2)H^*(\omega_1+\omega_2)$$

$$\tag{4-30}$$

式中，$H(\omega_1) = \dfrac{1 + \displaystyle\sum_{m=0}^{q} \theta_m \exp(-\mathrm{j}\omega m)}{1 + \displaystyle\sum_{n=0}^{p} \varphi_n \exp(-\mathrm{j}\omega n)}$，$H$ 和 H^* 是正

交的；$\hat{r}_{3e} = E^3(a_t)$，为有限方差。可以看出，双谱图具有对称性。

根据式（4-30）计算出落煤和落矸时声波信号的双谱，图 4-21 为落煤声波信号的双谱图和双谱等高线图；图 4-22 为落矸声波信号的双谱图和双谱等高线图。

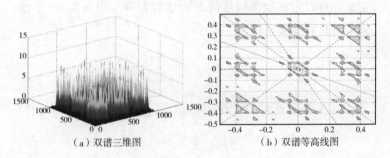

（a）双谱三维图　　　　　（b）双谱等高线图

图 4-21　落煤双谱图

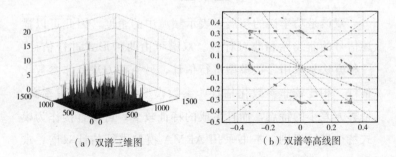

（a）双谱三维图　　　　　（b）双谱等高线图

图 4-22　落矸双谱图

可以看出，落煤时的双谱图中峰值要比落矸石的峰值多，因此可用峰值的数目作为特征进行识别。考虑到双谱图

煤矸界面的自动
识别技术

对称的特点，可选用对角线的能量曲线上的峰值数目即 $\omega_1 = \omega_2$ 时的峰值数作为特征。对角线上的能量曲线分别如图 4-23 和图 4-24 所示。

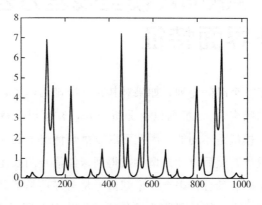

图 4-23　落煤对角线能量曲线

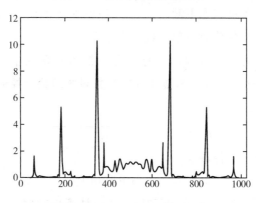

图 4-24　落矸对角线能量曲线

对比两图可以看出，落煤时的对角线能量曲线大于 3 的极大值点为 8 个，而落矸时候对角线能量曲线大于 3 的极大值点为 4 个。因此可以以此为特征识别声波信号的类别。

4.5
基于 ARMA 模型残差方差的煤矸界面特征

对于一个时间序列，如果对其建立准确的模型，那么残差为一白噪声 a_t。根据以上分析可知，在落煤和落矸两种情况下的模型是不同的，因此可以以落煤情况下建立的模型为标准模型，然后以此模型参数得到未知信号的残差，通过对残差序列统计分析来判断未知信号是落煤还是落矸。本书采用残差的方差统计量作为特征。落煤状态下测得信号 100 组数据，落矸状态下测得信号 50 组数据，共计 150 组数据，用前述得到的落煤模型参数作为标准模型，得到 150 组信号的残差，并计算得到残差的方差，取 50 组落煤信号的残差方差的平均值 $\overline{\sigma}_a^2$，根据 EWMA 控制图理论，控制限可由式（4-31）得：

$$UCL = \overline{\sigma}_a^2 + 3\sigma\sqrt{\lambda/(2-\lambda)} \tag{4-31}$$

式中　σ——标准差；

λ——控制参数，本书中取 0.1。

计算得到 UCL 为 0.5371，然后计算待检信号，得到残差的方差。当残差的方差小于 UCL 则为落煤，大于 UCL 则为落矸。对所有待检样本数据进行识别，结果如图 4-25 所示。如果落煤数据判断在落煤区域，则识别正确，如果落在落矸区域，则识别错误。同理，如果落矸数据判断落在落矸区域，则识别正确，如果落在落煤区域，则识别错误。

煤矸界面的自动
识别技术

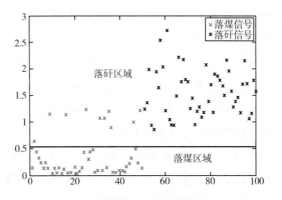

图 4-25 基于残差方差的信号识别结果

从图 4-25 中可以看出，在落煤时，10 组信号识别错误，落煤识别率为 80%；而对落矸信号全部正确识别，整体识别率达到 90%。误判发生在放煤时，因此采用此特征进行识别时，会造成一定欠放情况。

 本章小结

本章采用时间序列分析的方法对放煤和放矸两种状态下的声波信号进行了分析，提出了基于双谱对角线能量曲线极大值点和基于 ARMA 模型残差方差特征的煤矸声波信号识别方法，采用 EWMA 控制图的方法对两种声波信号进行了识别。

主要成果总结如下：

① 介绍了时间序列分析的基本原理，探讨了 ARMA 模型的特点，研究了时域、频域特性以及建模过程。

② 采用长自回归计算残差法和 AIC 分析法对放煤和放矸两种工况下的声波信号建立了 ARMA 模型，得到了模型

的阶数以及各阶自回归参数、滑动平均参数，提取了残差，并对模型进行了验证。

③ 利用 ARMA 模型参数估计了两种声波信号的双谱，落矸时的双谱图峰值数明显要多于落矸时的峰值数，提出了对角线的能量曲线极大值点的特征和 ARMA 模型残差方差特征用于识别两种工况的声波信号。

④ 以残差的方差作为特征，采用基于 EWMA 控制图理论的方法对声波信号进行了识别。采用此特征，能够对落矸信号 100% 识别，对落煤信号能够达到 80% 的正确识别，整体识别率达到 90%。

煤矸界面的自动
识别技术

第5章

BP神经网络在
煤矸界面识别中的
应用

放顶煤时分为两个过程，即落煤和落矸，因此尾梁振动信号具有两种状态。煤矸界面识别问题实质上可以看作是一个模式识别问题，因此可以采用模式识别的方法对煤矸界面进行识别。模式识别问题包括特征提取和状态识别两个方面，在第3章和第4章里，分别对尾梁振动信号和声波信号进行了分析，提取了对应落煤和落矸两种状态的特征，并分别采用马氏距离判别法和基于 EWMA 控制图理论的方法进行了识别。本章利用神经网络，结合已提取的振动信号特征和声波信号特征，分别对信号进行识别，然后采用融合的方法对两种信号同时识别，从而进一步提高识别率。

本章首先介绍神经元的基本概念、神经网络的学习方式和基本学习算法。针对基本算法的固有缺陷，介绍动量 BP 算法、自适应学习率算法、Quasi-Newton 算法、弹性 BP 算法、Levenberg-Marquardt 算法共计五种改进的算法，并对五种改进的算法的效果进行对比。然后根据振动信号的 IMF 能量、峭度和波峰因子以及声波信号的残差方差特征，分别设计出最优的网络结构，并以设计的网络对信号进行识别。最后提出振动和声波信号相融合的识别方法，对两种信号同时识别。

5.1
神经元模型和学习方式

人工神经网络（Artificial Neural Networks，ANNs），

煤矸界面的自动
识别技术

简称神经网络，是根据生物神经网络对信息进行处理而建立的一种数学模型，它是对人脑进行抽象、简化和模拟，实现一些特定的功能。人工神经网络通常通过一种基于数学统计学类型的学习方法加以优化，可以用来做人工感知方面的决定问题，即类似人一样具有简单的决定能力和判断能力[100-102]。

5.1.1　人工神经元模型

人工神经网络操作的基本信息处理单位是人工神经元，它是信号的输入、综合处理和输出的场所。人工神经元模型可以看作由三个基本要素组成：

① 一组连接（对应生物神经元的突触），可用权值表示，权值分为正负两个状态，权值为正代表激发状态，为负代表抑制状态。

② 一个加法器，用于求取各输入信号的加权和（即线性组合）。

③ 一个激活函数，起映射作用并将神经元输出幅度限制在一定范围内，也称为压制函数，通常限制为区间 [0，1] 或者 [-1，1]。

神经元的每一个输入都有突触连接强度，用连接权值 w 来表示，每个输入量都相应有一个相关联的权值。处理单元将经过权值的输入量化，然后相加求得其加权值之和，计算出唯一的输出量，这个输出量是权值和的函数，这个函数即为激活函数。

设神经元为 k ，以上过程可用式（5-1）表达为：

$$y_k = f\Big(\sum_{i=1}^{m} w_{ik} x_i + b_k\Big) \qquad (5\text{-}1)$$

式中　x_i——输入信号，$i = 1$，…，m；

w_{ik} ——神经元 k 的突触权值，当取正值时为激发状态，取负值时为抑制状态。$i=1,\cdots,m$，m 为输入信号数目；

b_k ——神经元的阈值；

$f(\cdot)$ ——激活函数。

其模型如图 5-1 所示。

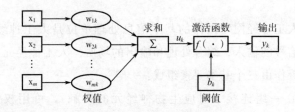

图 5-1　人工神经元模型

激活函数有多种形式，常用的有以下几种。

① 阈值函数　即阶梯函数，数学表达式如式（5-2）所示。

$$f(x)=\begin{cases}1,\ x\geqslant 0\\0,\ x<0\end{cases} \qquad (5\text{-}2)$$

如果激活函数的自变量小于 0，那么函数输出是 0，此时为神经元的抑制状态；如果自变量大于或等于 0 时，那么输出是 1，此时为神经元的兴奋状态。

② 线性函数　它起到对神经元所获得的输入进行线性放大的作用，数学表达式如式（5-3）所示。

$$f(x)=cx \qquad (5\text{-}3)$$

③ Sigmoid 函数　也称为 S 函数，可将任意值压缩到 [0，1] 之间，常用的有单极性 S 函数，表达式如式（5-4）所示。双极性 S 函数，数学表达式如式（5-5）所示。

煤矸界面的自动
识别技术

$$f(x) = \frac{1}{1 + e^{-x}} \tag{5-4}$$

$$f(x) = \frac{1 - e^{-x}}{1 + e^{-x}} \tag{5-5}$$

5.1.2　学习方式及算法

神经网络的学习也称为训练，指的是神经网络在外部环境的刺激下调整自身的各个参数，使神经网络以一种新的更加合理的方式对外部环境做出反应的一个过程。通过学习，神经网络能够提高自身性能，实现对环境熟悉的目的。神经网络的学习方式可以分为有导师学习、无导师学习和强化学习。

学习算法是针对学习问题的明确规则，常用的学习算法包括 Hebb 学习算法、误差校正算法、随机学习算法和竞争学习算法。学习类型是由参数变化发生的形式决定的，不同的学习算法对神经元的权值调整的表达式是不同的。在设计神经网络时，需合理地选择学习算法，没有一种学习算法是通用的，而且算法选择时跟网络结构以及与外界环境的连接形式有关。

5.2
振动信号的 BP 神经网络识别

自从神经网络提出后，各种神经网络被广泛应用于煤矸界面识别研究当中[103-108]，本书采用 BP（Back Propagation）

神经网络对提取的特征进行了识别。

BP 神经网络是一种按误差逆向传播算法训练的多层前馈网络，1986 年由 Rumelhart 和 McCelland 为首的科学家小组提出，是目前应用最广泛的神经网络模型之一，BP 网络系统地解决了多层网络隐含单元连接权的学习问题[109,110]。BP 神经网络的学习算法采用的是误差逆向传播算法，网络的权值和阈值通常是沿着网络误差变化的负梯度方向进行调节，最终使网络误差达到极小值或最小值，即在这一点误差梯度为零。BP 神经网络的学习方式是有导师学习。

5.2.1　BP 神经网络的设计

对于用于模式识别的 BP 网络，根据前人在机械振动故障诊断方面的经验进行以下几个方面的设计[111-114]。

（1）网络层数

确定网络的层数即确定隐层的层数，层数越多，网络的处理能力越强，但同时也会造成计算量的增加，使训练时间增加，并且易造成网络陷入局部最小误差，从而造成无法调整网络的权值。本书中神经网络选择一层隐层，即神经网络由输入层、隐层和输出层 3 层构成。

（2）节点数

输入层节点数取决于特征向量的维数，在局域波分解部分提取振动信号的特征为 5 维向量，以它们作为网络的输入，则网络的输入层的节点数便确定为 5。输出层节的点数取决于模式的数量，为了对落煤和落矸时液压支架尾梁的振动信号进行有效识别，设置输出层节点数为 2，即每个节点的输出代表一种信号类型。输入层和输出层的节点数确定

煤矸界面的自动
识别技术

后，再根据这两个数据确定隐层节点数。隐层节点数的选择是网络设计成败的关键因素，如果节点数太少，网络获取样本信息的能量就较差；如果太多，会造成"过度饱和"的问题，使网络记住没有意义的信息，从而造成网络难以识别样本。本书中，分别对比了隐层节点数为 1～20 的训练结果，选择最佳的节点数。

（3）激活函数的选择

隐层激活函数选择为正切 S 形函数 tansig。S 形函数是非线性函数，连续可导，并且能对信号进行较好的控制；输出层激活函数选择线性激活函数 purelin。

（4）网络输入

进行模式识别时，需对输入数据进行预处理，使其规范化到某一相同范围内，这样可以使网络训练速度加快。在第 3 章提取的振动信号都已进行归一化，第 4 章中的声波信号特征数值较小，因此无需再进行归一化处理。

（5）初始权值和阈值的选取

为保证神经元的激活函数具有最大调节能力，需使加权后的神经元的输出接近零，选择初始权值和阈值为 [−1，1] 内的随机值。

（6）误差精度的选取

需要通过对比网络训练结果来确定合适的误差范围，如果选择误差较小，需要增加隐层的节点数和训练时间。如果网络容易收敛，可适当选择较大的误差，一般为 10^{-4} 和 10^{-5}，或者更高，如果网络不易收敛，可以选择误差精度为 10^{-3}。本书中选择误差精度为 10^{-3}。

（7）学习算法的选择

限于梯度下降算法的固有缺陷，标准的 BP 学习算法通常具有收敛速度慢、易陷入局部极小值等缺点，因此出现了许多改进的算法。在 BP 神经网络应用中，需要根据实际问题的复杂性、训练样本数量、网络中的权值和阈值个数以及期望误差等诸多因素选择合适的训练算法。对于某一特定的应用，很难确定哪种训练算法最快，需要首先选择训练算法。利用 100 组训练样本对网络进行训练，设置网络目标误差为 0.001，训练周期为 1000，学习率为 0.05，分别采用动量 BP 算法、自适应学习率算法、Quasi-Newton 算法、弹性 BP 算法、Levenberg-Marquardt 算法对 BP 神经网络进行训练，训练后的结果如图 5-2～图 5-6 所示。各种算法比较如表 5-1 所示。

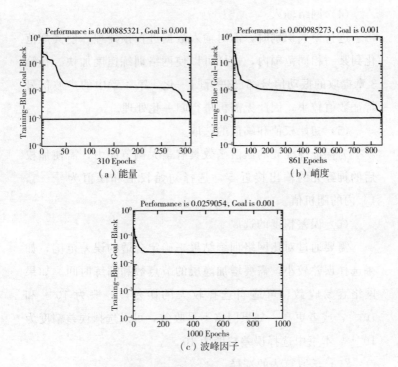

图 5-2 动量 BP 算法训练结果

煤矸界面的自动
识别技术

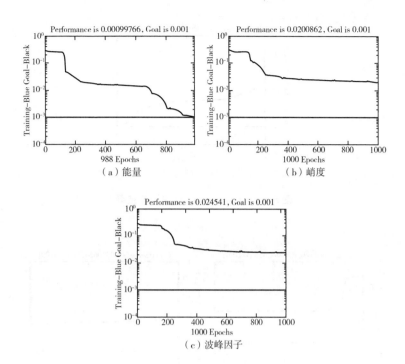

图 5-3　自适应学习率算法训练结果

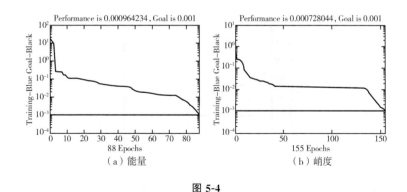

图 5-4

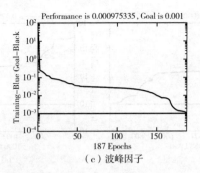

（c）波峰因子

图 5-4　Quasi-Newton 算法训练结果

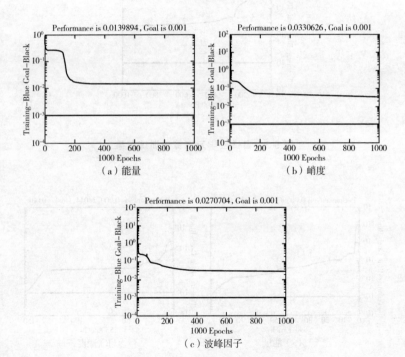

（a）能量

（b）峭度

（c）波峰因子

图 5-5　弹性 BP 算法训练结果

煤矸界面的自动
识别技术

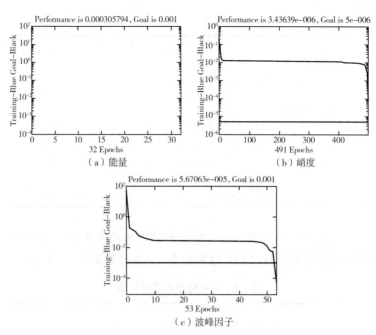

（a）能量　　　　　　　　　　　（b）峭度

（c）波峰因子

图 5-6　Levenberg-Marquardt 算法训练结果

表 5-1　各种算法比较

学习算法	类别	隐层神经元最佳数目	网络误差	是否满足目标
动量 BP 算法	能量	4	8.85e-04	是
	峭度	3	9.85e-04	是
	波峰因子	3	0.0259	否
自适应学习率算法	能量	3	9.98e-04	是
	峭度	3	0.0201	否
	波峰因子	3	0.0245	否
Quasi-Newton 算法	能量	9	9.64e-04	是
	峭度	4	7.28e-04	是
	波峰因子	14	9.75e-04	是

学习算法	类别	隐层神经元最佳数目	网络误差	是否满足目标
弹性 BP 算法	能量	4	0.014	否
	峭度	14	0.0331	否
	波峰因子	8	0.0271	否
Levenberg-Marquardt 算法	能量	13	3.06e-04	是
	峭度	3	3.44e-06	是
	波峰因子	14	5.67e-05	是

根据以上结果可以选择最优的网络来用于识别，不同的特征选取不同的神经元数目和算法，具体结果如表 5-2 所示。

表 5-2　不同特征的选择结果

特征	神经元数目	算法
能量	9	Quasi-Newton 算法
峭度	3	动量 BP 算法
波峰因子	14	Levenberg-Marquardt 算法

最优 BP 网络结构如图 5-7 所示。

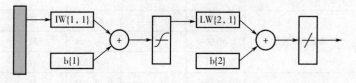

图 5-7　最优 BP 网络结构

5.2.2　振动信号的识别

利用训练好的网络，对 50 组数据进行识别，以期达到煤矸界面识别目的[115]，其识别结果如表 5-3～表 5-5 所示。

煤矸界面的自动
识别技术

表 5-3　基于 IMF 能量的信号识别结果

信号类别	测试样本数目	误判数目	分类识别率	总体识别率
落煤	25	0	100%	94%
落矸	25	3	88%	

表 5-4　基于 IMF 峭度的信号识别结果

信号类别	测试样本数目	误判数目	分类识别率	总体识别率
落煤	25	0	100%	92%
落矸	25	4	84%	

表 5-5　基于 IMF 波峰因子的信号识别结果

信号类别	测试样本数目	误判数目	分类识别率	总体识别率
落煤	25	3	88%	88%
落矸	25	3	88%	

从表 5-3 可以看出，以 IMF 能量组成特征向量时，落煤时的 25 组数据均得到正确识别，识别率为 100%；落矸时的 3 组信号识别错误，识别率为 88%。总体看来，50 组数据中有 3 组数据识别错误，总体识别率为 94%。

从表 5-4 可以看出，以 IMF 峭度组成特征向量时，落煤时的 25 组数据均得到正确识别，识别率为 100%；落矸时的 4 组信号识别错误，识别率为 84%。总体看来，50 组数据中有 4 组数据识别错误，总体识别率为 92%。

从表 5-5 可以看出，以 IMF 波峰因子组成特征向量时，落煤时 3 组信号识别错误，识别率为 88%；落矸时 3 组信号识别错误，识别率为 88%。总体看来，50 组数据中有 6 组数据识别错误，总体识别率为 88%。

综合对比表 5-3～表 5-5 所体现出来的总体识别率发现，总体识别率都超过 88%。因此，利用神经网络识别方法，以 IMF 能量特征、IMF 峭度特征和 IMF 波峰因子特征，均能对落煤和落矸两种状况进行一定识别。再次，基于 IMF 能量特征和 IMF 峭度特征的总体识别率分别达到 94% 和 92%，均高于马氏距离判别法 92% 和 90% 的总体识别率，体现出神经网络识别的优越性。

最后，结合图 3-17～图 3-19，可以得出这样的结论：总体来讲，以 IMF 的能量组成的特征向量对于识别两类振动信号最为敏感；神经网络的识别率要高于马氏距离判别法的识别率；实现煤矸界面的识别，信号特征提取和识别方法的选用同等重要。

5.3
声波信号的 BP 神经网络识别

利用同样的处理方式设计网络结构，以信号的残差方差为特征，对声波信号也利用 BP 神经网络进行了识别，各种算法的计算结果如表 5-6 所示。

表 5-6   各种算法比较

学习算法	隐层神经元最佳数目	网络误差	是否满足目标
动量 BP 算法	3	7.3562e-004	是

煤矸界面的自动
识别技术

学习算法	隐层神经元最佳数目	网络误差	是否满足目标
自适应学习率算法	5	8.6818e-004	是
Quasi-Newton 算法	3	0.1038	否
弹性 BP 算法	4	9.4155e-004	是
Levenberg-Marquardt 算法	3	0.1036	否

根据表 5-6 的结果，选择动量 BP 算法，隐层神经元数目为 3 个，最终识别结果如表 5-7 所示。

表 5-7　声波信号的识别结果

信号类别	测试样本数目	误判数目	分类识别率	总体识别率
落煤	25	4	84%	92%
落矸	25	0	100%	

从表 5-7 可以看出，在落煤时，4 组信号识别错误，识别率为 84%；落矸时，25 组数据均得到正确识别，识别率为 100%。总体看来，50 组数据中有 4 组数据识别错误，总体识别率为 92%。

5.4
基于信息融合的识别方法

以上各节分别对振动和声波信号单独进行了识别，无论是振动传感器还是声波传感器，只能获得一个方面的物理量，无法全面准确地反映出整个状态，因此为了更精确地识别煤矸界面，可以同时采集振动和声波信号，然后利用信息融合的方法对放落状态进行判断。信息融合起源于 20 世纪 70 年代，由美国国防部的研究机构提出，并应用于军事领域。从 20 世纪 90 年代开始，信息融合技术已经拓展到模式识别、图像分析与理解、智能制造系统等各种领域，并取得了诸多成果。信息融合可以简单地概括为将来自多源或多个传感器的数据进行综合分析，然后得出更为全面、准确和可靠的结果[116]。根据融合的信息处理层次的不同可以分为三类：像素级融合、特征级融合和决策级融合。

① 像素级融合　像素级融合不经过预处理，对得到的原始观测数据直接进行分析。这种融合方式的优点是尽可能地保留了现场检测信息，缺点是数据处理量大，耗时长，实时性差。

② 特征级融合　特征级融合是对传感器测量的信息进行预处理提取特征，然后再进行处理分析。其优点是保留了足够多的重要信息，对数据进行了压缩，减少了数据量，提高了数据处理的实时性，缺点是丢失部分信息。

③ 决策级融合　决策级融合是利用特征提取并进行初级决策，然后根据各传感器的决策与决策可信度以及一定的规则执行综合评判，做出最终决策。其优点是抗干扰能力强、容错性强，缺点是预处理代价高。

本书中采用特征级别信息融合，首先以提取的振动信号特征和声波信号特征组成特征向量，然后选取一定数量的特征向量作为样本数据训练网络，得到网络各参数，最后进行识别，其原理如图 5-8 所示。

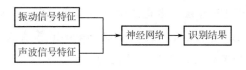

图 5-8　信息融合识别法原理图

由前面章节可知，振动信号采用 IMF 能量的特征识别率较高。因此，采用以振动信号 IMF 能量和声波信号模型残差方差相融合的方式作为特征进行训练。其输入层节点数为 6，输出层神经元数目为 2，隐层激活函数为 tansig，输出层激活函数为 purelin，训练结果显示隐层神经元数目为 11，学习算法为自适应学习速率算法。

对 50 组数据进行识别，识别结果如表 5-8 所示。

表 5-8　特征融合法识别结果

信号类别	测试样本数目	误判数目	分类识别率	总体识别率
落煤	25	1	96%	98%
落矸	25	0	100%	

从表 5-8 可以看出，在落煤时，1 组信号识别错误，识别率为 96%；落矸时，25 组数据均得到正确识别，识别率为 100%。因此采用两种特征融合的识别方法，一方面降低了落煤信号的误判率，另一方面保留了声波信号模型残差方差特征对落矸信号的较高的识别率，使得整体识别率达到了 98%。

 本章小结

本章根据提取的特征的特点设计了 BP 神经网络的结构，

分别对动量 BP 算法、自适应学习率算法、Quasi-Newton 算法、弹性 BP 算法、Levenberg-Marquardt 算法五种改进训练函数进行了比较，设计了最优的 BP 网络结构。利用样本数据训练网络，得到了神经网络各层的权值和阈值。然后，针对不同的特征确定了隐层神经元的数目。最后，利用设计好的神经网络对信号进行了识别。

主要结论如下：

① 以不同的特征作为神经元的输入时，不同的神经网络结构计算出结果具有较大差异，应根据具体的特征选择隐层神经元数目和学习算法，设计最优神经网络结构用于煤矸界面识别。

② 对于振动信号，以各 IMF 的能量、峭度和波峰因子组成特征向量作为 BP 神经网络的输入，均可实现煤矸界面的自动识别。识别率高于马氏距离判别法，且以 IMF 的能量组成的特征向量对于识别两类振动信号最为敏感，比采用其他两种特征具有更高的识别率。

③ 对于声波信号，以 ARMA 模型残差的方差组成特征向量作为 BP 神经网络的输入，对落矸信号也能全部正确识别，总体识别率高于统计判别法。

④ 采用振动信号的 IMF 能量特征和声波信号模型残差的方差特征相融合的识别方法，一方面降低了落煤信号的误判率，另一方面保留了声波信号模型残差方差特征对落矸信号的高识别率，相比以两种特征单独进行识别提高了总体识别率。

附录 1
emd 分量峰值程序

%%%%emd 分量峰值

```
s1 = datacoal11;
s2 = datarock11;
imf1 = emd(s1);
imf2 = emd(s2);
n1 = size(imf1,1);
n2 = size(imf2,1);
for i=1:n1
    ff1(i) = fengzhi(imf1(i,:));
end

for i=1:n2
    ff2(i) = fengzhi(imf2(i,:));
end
plot(ff1)
hold on
plot(ff2,'r')
```

附录 2
边际谱分析程序

%%%%%边际谱分析

```
x=datacoal81;
fs = length ( x_axiscoal11 )/( max ( x_axiscoal11 ) - min ( x_axiscoal11 ) );      %fs 为采样频率;
N=size(x);       %采样点数
tspan=max(x_axiscoal11)-min(x_axiscoal11);
t=1/fs:1/fs:tspan;


imf = emd(x);

%%%%%%%%%%%%%%求边际谱
[A,fa,tt]=hhspectrum(imf);


NN=500;%设置频率点数
[E,tt1]=toimage(A,fa,tt,NN);
for k=1:NN
    bjp(k)=sum(E(k,:))*1/fs*1/tspan;
end
f=(0:NN-1)/NN*(fs/2);
```

```
plot(f,bjp);
xlabel('频率 / Hz');
ylabel('幅值');
hold on
xx=datarock72;


x=datacoal81;
fs=length(x_axiscoal11)/(max(x_axiscoal11)-min(x_
axiscoal11));     % fs 为采样频率;
N=size(x);       % 采样点数
tspan=max(x_axiscoal11)-min(x_axiscoal11);
t=1/fs:1/fs:tspan;



imf = emd(x);


%%%%%%%%%%%%%%求边际谱
[A,fa,tt]=hhspectrum(imf);


NN=500;%设置频率点数
[E,tt1]=toimage(A,fa,tt,NN);
for k=1:NN
    bjp(k)=sum(E(k,:))*1/fs*1/tspan;
end
f=(0:NN-1)/NN*(fs/2);
plot(f,bjp);
xlabel('频率 / Hz');
```

```matlab
ylabel('幅值');
hold on
xx=datarock72;


imf = emd(xx);

%%%%%%%%%%%%%%%求边际谱
[A,fa,tt]=hhspectrum(imf);

NN=500;%设置频率点数
[E,tt1]=toimage(A,fa,tt,NN);
for k=1:NN
    bjp(k)=sum(E(k,:))*1/fs*1/tspan;
end
f=(0:NN-1)/NN*(fs/2);
plot(f,bjp,'r');
xlabel('频率 / Hz');
ylabel('幅值');

imf = emd(xx);

%%%%%%%%%%%%%%%求边际谱
[A,fa,tt]=hhspectrum(imf);

NN=500;%设置频率点数
[E,tt1]=toimage(A,fa,tt,NN);
```

煤矸界面的自动
识别技术

```
for k=1:NN
    bjp(k)=sum(E(k,:))*1/fs*1/tspan;
end
f=(0:NN-1)/NN*(fs/2);
plot(f,bjp,'r');
xlabel('频率 / Hz');
ylabel('幅值');
```

附录3
峰值函数程序

```
%%%%%峰值函数
function fzyz=fengzhi( x)
x1=mean( x) ;
xdata11=x-x1;
peak1=( max( x) - min( x) )/2;

n=length( x) ;
a1=0;
b1=0;
for ii=1:n
    k1=( xdata11( ii) * xdata11( ii) ) ;
    k11=k1* k1;
    a1=a1+k1;
    b1=b1+k11;
end
rms1=sqrt( a1/n) ;
r1=b1/n;
d1=r1/( ( rms1) ^4) ;
crestfactor1=peak1/rms1;
%  qdfz=[ d1, crestfactor1]
fzyz=crestfactor1;
```

附录 4
时域波形及其傅里叶分析
程序

%时域波形及其傅里叶分析

%分析 Time 信号
%显示波形以及频谱图

```
clc
close all
%%岩石数据信息
for i=1:1;
 for j=1:length(a);
    x=eval(['x_axisrock' num2str(i) num2str(j)]);
                %i 表示第一组函数 在 pulse 中设定为 Time
j 为此组中第 i 个函数
    x=x';
    y=eval(['datarock' num2str(i) num2str(j)]);
                %将列向量变成行向量
    y=y';
    xx=eval(['x_axiscoal' num2str(i) num2str(j)]);
                %将 A 中的第一列赋值给 x,形成时间序列
    xx=xx';
```

```
yy=eval(['datacoal' num2str(i) num2str(j)]);
            %将列向量变成行向量
yy=yy';

 figure                %
subplot(2,1,1)          %
plot(x,y)               %
title rock
subplot(2,1,2)
plot(xx,yy)
title coal


    end
end

%%%%%%%%%%%%%%%%%%%%%%%%%%%%% 以
上为波形图对照


for i=1:1;
  for j=1:length(a);
   x=eval(['x_axisrock' num2str(i) num2str(j)]);   %i 表
示第一组函数 在 pulse 中设定为 Time j 为此组中第 i 个函数
   x=x';
   y=eval(['datarock' num2str(i) num2str(j)]);%将列向量
变成行向量
```

　煤矸界面的自动
　　　识别技术

```
    y=y';
        xx=eval(['x_axiscoal'    num2str(i) num2str(j)]);%
将A中的第一列赋值给x,形成时间序列
    xx=xx';
    yy=eval(['datacoal'    num2str(i) num2str(j)]);%将列
向量变成行向量
    yy=yy';
    xdata1=y;
xdata2=yy;
x1=mean(xdata1);
x2=mean(xdata2);
xdata11=xdata1-x1;
xdata22=xdata2-x2;
peak1=(max(xdata1)-min(xdata1))/2;
peak2=(max(xdata2)-min(xdata2))/2;

n=length(x);
a1=0;
a2=0;
b1=0;
b2=0;
for ii=1:n
    k1=(xdata11(ii)* xdata11(ii));
    k11=k1* k1;
    a1=a1+k1;
    b1=b1+k11;
    k2=(xdata22(ii)* xdata22(ii));
```

```
        k22 = k2 * k2 ;
        a2 = a2 + k2 ;
        b2 = b2 + k22 ;
end
rms1 = sqrt( a1/n ) ;
rms2 = sqrt( a2/n ) ;
r1 = b1/n ;
r2 = b2/n ;
d1 = r1/( ( rms1 )^4 ) ;
d2 = r2/( ( rms2 )^4 ) ;
crestfactor1 = peak1/rms1 ;
crestfactor2 = peak2/rms2 ;
```

% 显示数据基本信息

```
fprintf( ' \n 岩石数据基本信息:      煤数据基本信息:\n' )
fprintf( '采样点数 = % 7.0f      采样点数 = % 7.0f \n' ,
length( x ) , length( xx ) )
fprintf( '时  间 = %7.3fs    时   间 = % 7.3fs\n' , max
( x ) - min( x ) , max( xx ) - min( xx ) )% 输出采样耗时
fprintf( '采样频率 = % 7.1fHz    采样频率 = % 7.1fHz\n' ,
length( x )/( max( x ) - min( x ) )  , length( xx )/( max( xx ) - min
( xx ) ) ) % 输出采样频率
fprintf( '最小速度 = % 7.3fm/s    最小速度 = % 7.3fm/s\n' ,
min( y ) , min( yy )   )% 输出本次采样被测量最小值
fprintf( '平均速度 = % 7.3fm/s    平均速度 = % 7.3fm/s\n' ,
mean( abs( y ) ) ,   mean( abs( yy ) ) )% 输出本次采样被测量
平均值
```

煤矸界面的自动
识别技术

```
fprintf('速度中值 = %7.3fm/s   速度中值 = %7.3fm/s\n',
median(y),   median(yy))%输出本次采样被测量中值
fprintf('最大速度 = %7.3fm/s   最大速度 = %7.3fm/s\n',
max(y) ,max(yy))%输出本次采样被测量最大值
fprintf('标准方差 = %7.3f      标准方差 = %7.3f \n',std
(y) ,std(yy)   )%输出本次采样数据标准差
fprintf('协方差   = %7.3f      协方差   = %7.3f \n',cov
(y) , cov(yy) )%输出本次采样数据协方差
%  fprintf('方差    = %7.3f      方差    = %7.3f \n',var
(y) , var(yy) )%输出本次采样数据方差
fprintf('自相关系数 = %7.3f   自相关系数 = %7.3f \n',
corrcoef(y),corrcoef(yy) )%输出本次采样数据自相关
系数%
fprintf('峭度    = %1.3f             峭度 = %1.3f \n',d1,
d2)
fprintf('峰值因子 = %1.3f      峰值因子 = %1.3f \n',crest-
factor1,crestfactor2)


%傅里叶变换
y=y- mean(y);%消去直流分量,使频谱更能体现有效信息
Fs=length(x)/(max(x)- min(x));%得到原始数据 data.txt
时,仪器的采样频率。其实就是 length(x)/(max(x)- min
(x));
N=length(y);%data.txt 中的被测量个数,即采样个数。其实
就是 length(y);
z=fft(y);
```

```
%频谱分析
f=(0:N-1)* Fs/N;
Mag=2* abs(z)/N;%幅值,单位同被测变量 y
Pyy=Mag.^2;%能量;对实数系列 X,有 X.* X=X.* conj(X)
=abs(X).^2=X.^2,故这里有很多表达方式


%显示频谱图(频域)
figure
subplot(2,1,1)
plot(f(1:N/2),Pyy(1:N/2),'r')
    %显示频谱图
%
%将这里的 Pyy 改成 Mag 就是 幅值-频率图了
% axis([min(f(1:N/2)) max(f(1:N/2)) 1.1* floor(min
(Pyy(1:N/2))) 1.1* ceil(max(Pyy(1:N/2)))])
xlabel('频率(Hz)')
ylabel('能量')
title('rock 频谱图(频域)')
grid on;
[aa bb]=max(Pyy(1:N/2));
% fprintf('\n 傅里叶变换结果:\n')
fprintf('最大值对应的频率 = %1.3fHz',f(bb))
    %输出最大值对应的频率
% fprintf('岩石最大值对应的周期 FFT_T = %1.3f s\n',1/f
(bb))              %输出最大值对应的周期


yy=yy- mean(yy);
```

煤矸界面的自动
识别技术

%消去直流分量,使频谱更能体现有效信息

Fs2 = length (xx) / (max (xx) - min (xx)) ;

%得到原始数据 data.txt 时,仪器的采样频率。其实就是 length (x) / (max (x) - min (x)) ;

N2 = length (yy) ;

% data.txt 中的被测量个数,即采样个数。其实就是 length (y) ;

z2 = fft (yy) ;

%频谱分析

f2 = (0 : N - 1) * Fs2/N2 ;

Mag2 = 2 * abs (z2) /N2 ;

%幅值,单位同被测变量 y

Pyy2 = Mag2.^2 ;

%能量;对实数系列 X,有 X.* X = X.* conj (X) = abs (X).^2 = X.^2,故这里有很多表达方式

%显示频谱图(频域)

subplot (2 , 1 , 2)

plot (f (1 : N2/2) , Pyy2 (1 : N2/2) , ' r')

%显示频谱图

%　　　　　　　　　　|

%将这里的 Pyy 改成 Mag 就是 幅值- 频率图了

% axis ([min (f (1 : N/2)) max (f (1 : N/2)) 1.1 * floor (min (Pyy (1 : N/2))) 1.1 * ceil (max (Pyy (1 : N/2)))])

xlabel (' 频率（Hz)')

```
ylabel('能量')
title(' coal 频谱图(频域)')
grid on;%返回最大能量对应的频率和周期值
[aa2 bb2] = max(Pyy2(1:N2/2));
% fprintf(' \n 傅里叶变换结果: \n')
fprintf('最大值对应的频率 = %1.3fHz\n' ,f(bb2))
        %输出最大值对应的频率
% fprintf('煤最大值对应的周期 FFT_T = %1.3f s\n', 1/f
(bb))                  %输出最大值对应的周期


 end
end
%%%%%%%%%%%%%%%%%%%%以上为频谱图
```

煤矸界面的自动
识别技术

附录5
以 emd 分量峭度为特征进行
预测程序

n=size(coaldata,1);%数据的数目

for i=1:n

imf=emd(coaldata{i,1});

n1=size(imf,1);

 for j=1:n1
    coalqd(i,j)=qiaodu(imf(j,:));%第 i 个数据的每个 emd
    峭度
 end

end

m=size(rockdata,1);%数据的数目

```
for i=1:m

imf=emd(rockdata{i,1});

m1=size(imf,1);

for j=1:m1
    rockqd(i,j)=qiaodu(imf(j,:)); % 第 i 个数据的每个 emd
的峭度
end

end



%%%%%%%%%%%%%%%%%%%%神经网络



% 归一化处理

for i=1:size(coalqd,1)
    for j=1:size(coalqd,2)
            ppcoal(i,j)=(coalqd(i,j)-min(coalqd(i,:)))/
(max(coalqd(i,:))-min(coalqd(i,:)));
%  (coalqd(i,:)-min(coalqd(i,:)))/(max(coalqd(i,:))-
min(coalqd(i,:)));
    end
```

```
end

for i=1:size(rockqd,1)
    for j=1:size(rockqd,2)
        pprock(i,j)=(rockqd(i,j)-min(rockqd(i,:)))/
(max(rockqd(i,:))-min(rockqd(i,:)));

    end
end

% 数据输入 2:网络有关参数
EPOCHS=10000;
GOAL=0.000005;
s=3:15;% s 为常向量,表示神经元的个数
res=zeros(size(s));% res 将要存储误差向量,这里先置零
pn=[pprock(1,1:8);ppcoal(1,1:8);pprock(3,1:8);ppcoal
(3,1:8);pprock(5,1:8);ppcoal(5,1:8);pprock(7,1:8);pp-
coal(7,1:8);pprock(9,1:8);ppcoal(9,1:8);pprock(11,1:
8);ppcoal(11,1:8);pprock(13,1:8);ppcoal(13,1:8);pprock
(14,1:8);ppcoal(14,1:8)]'

tn=[0,1;1,0;0,1;1,0;0,1;1,0;0,1;1,0;0,1;1,0;0,1;1,0;
0,1;1,0;0,1;1,0;]';% 目标

for i=1:length(s)
    net=newff(minmax(pn),[s(i),2],{'tansig','purelin'},
    'trainlm');
```

```
        net.iw{1,1} = zeros( size( net.iw{1,1} ) ) +0.5;
        net.lw{2,1} = zeros( size( net.lw{2,1} ) ) +0.75;
        net.b{1,1} = zeros( size( net.b{1,1} ) ) +0.5;
        net.b{2,1} = zeros( size( net.b{2,1} ) );
        net.trainParam.epochs = EPOCHS;
        net.trainParam.goal  = GOAL;
        net = train( net,pn,tn );
        y = sim( net,pn );
e = tn- y;
error = mse( e,net );
res( i) = norm( error );

end
% 选取最优神经元数，number 为使得误差最小的隐层神经元
个数
number = find( res = =min( res ) );
if( length( number )>1) no =number( 1)% % % % 最小时，神经
元个数有可能不是一个
else no =number
end

clear error,res

% 选定隐层神经元数目后，建立网络，训练仿真
net = newff( minmax( pn ),[ no,2 ],{' tansig',' purelin' },'
trainlm' );
        net.iw{1,1} = zeros( size( net.iw{1,1} ) ) +0.5;
```

煤矸界面的自动
识别技术

```
    net.lw{2,1}=zeros(size(net.lw{2,1}))+0.75;
    net.b{1,1}=zeros(size(net.b{1,1}))+0.5;
    net.b{2,1}=zeros(size(net.b{2,1}));
    net.trainParam.epochs=EPOCHS;
    net.trainParam.goal =GOAL;
net=train(net,pn,tn);
y=sim(net,pn);
e=tn-y;
error=mse(e,net)%error 为网络的误差向量
r=norm(error);%r 为网络的整体误差
save net                    %保存最好的网络

%预测
input=[pprock(2,1:8);ppcoal(2,1:8);pprock(4,1:8);
ppcoal(4,1:8);pprock(6,1:8);ppcoal(6,1:8);pprock(8,1:
8);ppcoal(8,1:8);pprock(10,1:8);ppcoal(10,1:8);pprock
(12,1:8);ppcoal(12,1:8);]';
yuce=sim(net,input);
```

附录6
以 emd 能量为特征进行预测程序

```
%%%%%%以 emd 能量为特征进行预测
n=size(coaldata,1);%数据的数目

for i=1:n

imf=emd(coaldata{i,1});
n1=size(imf,1);% n1 为固有模态分量数目
for j=1:n1
    coalpower(i,j)=sum(imf(j,:).^2); % 第 i 个数据第 j 个
    分量的能量

end
end
m=size(rockdata,1);%数据的数目


for i=1:m

imf=emd(rockdata{i,1});
```

煤矸界面的自动
识别技术

```
m1 = size(imf,1);% m1 为固有模态分量数目

for j=1:m1
    rockpower(i,j) = sum(imf(j,:).^2);   % 第 i 个数据第 j
    个分量的能量
end

end


% 归一化处理

for i=1:size(coalpower,1)
    for j=1:size(coalpower,2)
        ppcoalpower(i,j) = (coalpower(i,j) - min(coalpower
(i,:)))/(max(coalpower(i,:)) - min(coalpower(i,:)));
    end
end

for i=1:size(rockpower,1)
    for j=1:size(rockpower,2)
        pprockpower(i,j) = (rockpower(i,j) - min(rockpower
(i,:)))/(max(rockpower(i,:)) - min(rockpower(i,:)));
    end
end

% 数据输入 2:网络有关参数
```

```
EPOCHS=10000;
GOAL=0.000005;
s=3:15;% s 为常向量,表示神经元的个数
res=zeros(size(s));% res 将要存储误差向量,这里先置零
pn=[pprockpower(1,1:8);ppcoalpower(1,1:8);pprockpower
(3,1:8);ppcoalpower(3,1:8);pprockpower(5,1:8);ppcoal-
power(5,1:8);pprockpower(7,1:8);ppcoalpower(7,1:8);
pprockpower(9,1:8);ppcoalpower(9,1:8);pprockpower(11,
1:8);ppcoalpower(11,1:8);pprockpower(13,1:8);
ppcoalpower(13,1:8);pprockpower(14,1:8);ppcoalpower
(14,1:8)]'

tn=[0,1;1,0;0,1;1,0;0,1;1,0;0,1;1,0;0,1;1,0;0,1;1,0;
0,1;1,0;0,1;1,0;]';% 目标

for i=1:length(s)
    net=newff(minmax(pn),[s(i),2],{'tansig','purelin'},
'trainlm');
    net.iw{1,1}=zeros(size(net.iw{1,1}))+0.5;
    net.lw{2,1}=zeros(size(net.lw{2,1}))+0.75;
    net.b{1,1}=zeros(size(net.b{1,1}))+0.5;
    net.b{2,1}=zeros(size(net.b{2,1}));
    net.trainParam.epochs=EPOCHS;
    net.trainParam.goal  =GOAL;
    net=train(net,pn,tn);
    y=sim(net,pn);
e=tn-y;
```

```
error = mse ( e , net ) ;
res ( i ) = norm ( error ) ;


end
% 选取最优神经元数 , number 为使得误差最小的隐层神经元
个数
number = find ( res == min ( res ) ) ;
if ( length ( number ) > 1 ) no = number ( 1 ) % % % % 最小时 , 神经
元个数有可能不是一个
else no = number
end


clear error , res


% 选定隐层神经元数目后 , 建立网络 , 训练仿真
net = newff ( minmax ( pn ) , [ no , 2 ] , { ' tansig ' , ' purelin ' } ,
' trainlm' ) ;
    net.iw { 1 , 1 } = zeros ( size ( net.iw { 1 , 1 } ) ) + 0.5 ;
    net.lw { 2 , 1 } = zeros ( size ( net.lw { 2 , 1 } ) ) + 0.75 ;
    net.b { 1 , 1 } = zeros ( size ( net.b { 1 , 1 } ) ) + 0.5 ;
    net.b { 2 , 1 } = zeros ( size ( net.b { 2 , 1 } ) ) ;
    net.trainParam.epochs = EPOCHS ;
    net.trainParam.goal = GOAL ;
net = train ( net , pn , tn ) ;
y = sim ( net , pn ) ;
e = tn - y ;
error = mse ( e , net ) % error 为网络的误差向量
```

r=norm(error);%r 为网络的整体误差
save net   %保存最好的网络

%预测
input = [pprockpower（2，1：8）; ppcoalpower（2，1：8）;
pprockpower(4,1:8);ppcoalpower(4,1:8);pprockpower(6,
1:8);ppcoalpower(6,1:8);pprockpower(8,1:8);ppcoalpower
(8，1:8); pprockpower（10，1:8）; ppcoalpower（10，1:8）;
pprockpower(12,1:8);ppcoalpower(12,1:8);]';
yuce=sim(net,input);

煤矸界面的自动
识别技术

参考文献

[1]2011 年及"十二五"期间煤炭市场分析. 中国产业经济信息网,http://www. cinic. org. cn/site951/nypd/2010-12-24/444636_3. shtml.

[2]Mowrey G L. Horizon Control Holds Key to Automation [J]. Coal. 1991, 96 (12):44-49.

[3]Mowrey G L. Promising Coal Interface Detection Methods. Mining Engineering [J]. 1991,43(1):134-138.

[4]Dobroski Jr. The Application of Coal Interface Detection Techniques for Robotized Continous Mining Machines[C]. Proceedings of the 9th WVU International Coal Mine Electrotechnology Conference,Morgantown. 1988:223-228.

[5]Mowrey G L. Pazuchanics. M. J. Vibration sensing for horizon control in long wall mining[C]. Long wall U. S. A International Exhibition and Conference. 1990:19-22.

[6]Alford D. Automatic Vertical Steering of Ranging Drum Shearers Using MIDAS [J]. Mining Technology. 1985,(4):125-129.

[7]Law D. Auto-Steerage-An Aid to Production [J]. The Mining Engineer. 1989, (6):330-334.

[8]廉自生. 基于采煤机截割力响应的煤岩界面识别技术研究[D]. 徐州:中国矿业大学,1995:1-85.

[9]秦剑秋,陈纪东,孟惠荣. 煤岩界面识别传感技术[J]. 煤矿机电. 1993,(1):24-26.

[10]安娜托里. 监视潜伏的煤岩界限的方法和所采用的传感器. 苏联,物理. CN87105220. 2. 1989.

[11]徐瑛. 国外煤岩界面传感器开发动态综述[J]. 工矿自动化,1995,(2):62-65.

[12]任芳,杨兆建,熊诗波. 国内外煤岩界面识别技术开发动态综述[J]. 煤.2001,(4):54-55.

[13]Mowrey G L. Passive Infrared Coal Interface Detection [C]. SME Annual Meeting,Salt Lake City,USA. 1990:88-90.

[14]王增才,张秀娟. 自然 γ 射线方法检测放顶煤开采中的煤矸混合度研

究[J].传感技术学报.2003,16(4):442-446.

[15]秦剑秋.采煤机自动调控用自然γ射线煤岩界面识别传感技术的研究[D].徐州:中国矿业大学.1993:1-114.

[16]Maksimovic S D,Mowrey G L. Investigation of Feasibility of Nature Gamma Radiation Coal Interface Detection Method in US Coal Seams[C].SME Annual Meeting.1990:90-127.

[17]Maksimovie S D,Mowrey G L. Evaluation of Several Natural Gamma Radiation Systerns-A Preliminary[C].U.S.Department of the Interior,Bureau of Mines,Information Circular.1995:1-48.

[18]Bessinger S L,Nelson M G. Remnant Roof Coal Thickness Measurement with Passive Gamma Ray Instruments in Coal Mining[C].Proceedings of the IEEE/IAS Annual Meeting,W.V.USA.Salt Lake City:Society of Mining Engineers of AIME,Littleon Co.1990:27-34.

[19]Plessmann K W,Dickhaus B,Scheytt S. A system for the automation of mining machines[J].Control Engineering Practice.1993,11(3):457-462.

[20]Strange A D. Robust Thin Layer Coal Thickness Estimation Using Ground Penetrating Radar[D].Brisbane:Queensland University of Technology.2007:1-163.

[21]梁义维,熊诗波.基于神经网络和Dempster-Shafter信息融合的煤岩界面预测[J],煤炭学报.2003,28(1):86-90.

[22]雷玉勇.国外采煤机滚筒自动调高[J].煤矿机电.1990,(6):17-21.

[23]李春华,刘春生.采煤机滚筒自动调高技术的分析[J].工业自动化.2005,(4):48-51.

[24]张俊梅,范迅,赵雪松.采煤机自动调高控制系统研究[J].中国矿业大学学报.2002,31(4):415-418.

[25]梁义维.采煤机智能调高控制理论与技术[D].太原:太原理工大学.2005:1-133.

[26]卢共平.煤岩界面探测方法研究综述[J].煤矿自动化.1993(3):62-66.

[27]张敏.确保在煤层内:对煤层界面探测与采煤导向的观察[J].煤矿机械.1993,(3):17-20.

[28]British Coal Corporation. Development of a Pickforce Steering System[M].United Kingdom. Office for Official Publications of the European Communities.1989:56.

煤矸界面的自动
识别技术

[29] Mowrey G L. Adaptive Leaning Networks Applied to Coal Interface Detection and Resin Roof Bolt Bonding integrity [C]. Proceedings of the 3rd international Conference on Innovative Mining Systems. 1987:160-174.

[30] Mowrey G L. Adaptive Signal Discrimination as Applied to Coal Interface Detection [C]. Industry Applications Society Annual Meeting, Pittsburgh, PA, USA . 1988: 1277-1282.

[31] Kelly M. Developing coal mining technology for the 21st century [C]. Proc Mining Sci and Tech, 1999:3-7.

[32] Crosland D, Mitra R, Hagan P. Changes in Acoustic Emissions When Cutting Difference Rock Types [C]. Proceedings 9th Underground Coal Operators Conference, 2009:329-329.

[33] Hardy H R. Laboratory Study of Acoustic Emission and Particle Size Distribution During Rotary Cutting. International Journal of Rock Mechanics and Mining Sciences and Geomechanics Abstracts [J]. 1997,34(3):635-636.

[34] Hardy H R. Acoustic Emission/Microseismic Activity: Principles, Techniques and Geotechnical Applications [M]. Balkema Publishers. 2003:1-256.

[35] Shen H W, Hardy H R. Laboratory Study of Acoustic Emission and Particle Size Distribution during Linear Cutting of Coal in Rock Mechanics Tools and Techniques. 2nd Nth American Rock Mechanics Symposium, 1996:835-841.

[36] Mowrey G L. A New Approach to Coal Interface Detection: The in-Seismic Technique [J]. IEEE Transactions on Industry Application. 1988,24(4):660-665.

[37] 许永江. 无源红外线煤岩界面探测系统 [J]. 煤炭技术 . 1994, 13 (4):10.

[38] 秦剑秋, 孟惠荣. 自然 γ 射线煤岩界面识别传感器的理论建模及实验验证 [J]. 煤炭学报 . 1996, 21(5):513-516.

[39] 秦剑秋, 郑建荣. 自然 γ 射线煤岩界面识别传感器 [J]. 煤矿机电. 1996,(3):9-10.

[40] 王增才, 富强. 自然 γ 射线穿透煤层及支架顶梁衰减规律. 辽宁工程技术大学学报 [J]. 2006,25(6):804-807.

[41] 王增才. 综采放顶煤开采过程煤矸识别研究 [J]. 煤矿机械,2002,(8):13-14.

[42] 王增才, 王汝琳, 徐建华. 自然 γ 射线法在采煤机摇臂调高中检测煤层

厚度的研究[J].煤炭学报.2002,(4):425-429.

[43]王增才,孟惠荣,张秀娟.自然γ射线煤岩界面识别研究[J].煤矿机械.1999,(6):16-18.

[44]王增才,孟惠荣.支架顶梁对γ射线方法测量顶煤厚度影响研究[J].中国矿业大学学报.2002,31(3):323-326.

[45]陈延康.煤岩分界辨识及采煤机滚筒自动调高控制系统研究.中国,3lE25A91108169.1992.

[46]陈延康,张伟,廉自生.基于切割力分析的煤岩分界辨识[J].煤矿机电.1991,(3):80-83.

[47]廉自生.基于切割力响应的煤岩界面识别技术研究[J].山西机械.1999,(2):25-27.

[48]梁义维,熊诗波,任芳,等.基于网络的采煤机智能调高系统的黑板体系结构[J].煤矿机械.2002,(7):22-23.

[49]梁义维,熊诗波.基于神经网络和D-S证据理论的煤岩界面预测[J].煤炭学报.2003,28(1):86-90.

[50]张福建.电牵引采煤机记忆截割控制策略的研究[D].北京:煤炭科学研究总院.2007:1-78.

[51]任芳.基于多传感器数据融合技术的煤岩界面识别的理论与方法研究[D].太原:太原理工大学.2003:1-112.

[52]任芳,刘正彦,杨兆建.扭振测量在煤岩界面识别中的应用研究[J].太原理工大学学报.2010,41(1):94-96.

[53]Ren F,Yang Z Z,Xiong S B.Study on the Coal-rock Interface Recognition Method Based on Multi-sensor Data Fusion Technique[J].Chinese Journal of Mechanical Engineering.2003,16(3):21-324.

[54]任芳,熊晓燕,杨兆建.煤岩界面识别的关键状态参数[J].煤矿机电.2006,(5):1-3.

[55]Ren F,Yang Z J,Xiong S B,et al.Application of Wavelet Packet Decomposition and its Energy Spectrum on the Coal-Rock Interface Identification[J].Journal of Coal Seienee&Engineering.2003,9(1):109-112.

[56]雷玉勇,阴正锡,田逢春.用采煤机的调高油缸工作压力实现采煤机自动调高[J].煤矿机电.1994,(5):14-28.

[57]蔡桂英.采煤机滚筒调高模糊控制器的设计与仿真[D].哈尔滨:哈尔

滨工程大学.2008:1-72.

[58]张伟.基于采煤机 DSP 主控平台的自动调高预测控制[D].上海:上海交通大学.2007:1-86.

[59]赵栓峰.多小波包频带能量的煤岩界面识别方法[J].西安科技大学学报.2009,29(5):584-588.

[60]Zhao S F,Guo W.Coal-rock Interface Recognition Based on Multiwavelet Packet Energy.Intelligent Systems and Applications,Wuhan,2009:1-4.

[61]刘富强.基于图像处理与识别技术的煤矿矸石自动分选[J].煤炭学报.2000,25(5):534-537.

[62]刘伟.综放工作面煤矸界面识别理论与方法研究[D].徐州:中国矿业大学.2011:1-118.

[63]金栋平.碰撞振动与控制[M].北京:科学出版社,2005:61-70.

[64]任强.传感器选用原则[J].铁道技术监督.2004,(9):34-35.

[65]Huang N E,Shen Z,Long S R.The Empirical Mode Decomposition and the Hilbert Spectrum for Nonlinear and Non-stationary Time Series Analysis[J].Proceedings of the Royal Society of London Series.1998,(454):903-995.

[66]Kais K,Abdel-Ouahab B,Abdelkhalek B.Speech Enhancement via EMD[J].Eurasip Journal on Advances in Signal Processing.2008:1-8.

[67]Flandrin P,Rilling G,Gonealves P.Empirical Mode Decomposition as A Filter Bank[J].IEEE Signal Processing.2004,11(2):112-114.

[68]Huang N E,Wu M L,Long S R,et al.A Confidence Limit for the Empirical Mode Decomposition and Hilbert Spectral Analysis[J].Proc R Soc London.2003,45(9):2317-2345.

[69]P Flandrin,P Goncalves.Empirical Mode Decompositions as Data-Driven Wavelet-like Expansions[J].Int J of Wavelets and Multiresoution and Info Proc.2004,2(4):1-20.

[70]Liu Z X,Peng S L.Boundary Processing of Bidimensional EMD Using Texture Synthesis[J].IEEE Signal Processing Letter.2005,12(1):33-36.

[71]Masoud K-G,Alirera K Z.A Nonlinear Time-Frequency Analysis Method[J].IEEE Transactions Signal Processing.2004,52(6):1-585.

[72]Loughlin P,Cohen L.The uncertainty PrinciPle:Global,Local,or Both[J].IEEE Transactions Signal Processing.2004,52(5):218-1227.

［73］Huang N E, Long S R, Shen Z. Frequency Downshift in Nonlinear Water Wave Evolution［J］. Ady Appl Mech, 1996, (32):59-117.

［74］Huang N E, Wu Z H. A Study of the Characteristics of White Noise Using the Empirical Mode Decomposition Method ［J］. Proc. Roy. Soc. London. A, 2004, (460): 1597-1611.

［75］Messina A R. Vittal Nonlinear, Non-Stmionary Analysis of Interarea Oscillations Via Hilbert Analysis［J］. IEEE Transactions on Power Systems. 2006, 21 (3): 1234-1241.

［76］Resch B, Nilsson M, Ekman A, et al. Estimation of the Instantaneous Pitch of Speech［J］. IEEE Transactions on Audio, Speech and Language Proeessing. 2007, 15 (3):813- 822.

［77］Weng B W, Velaseo M, Bamer K E. ECG Denoising Based on the Empirical Mode Decomposition ［C］. 28th Annual International Conference of the IEEE on Engineering in Medicine and Biology Soeiety. 2006:1-4.

［78］Kizhner S, Flatley T P, Huang N E. On the Hilbert Huang Transform Data Processing System Development［C］. IEEE Aero space Conference Proceedings. 2004: 1-19.

［79］Yah R, Gao R X. Hilbert-Huang Transform-Based Vibration Signal Analysis for Machine Health Monitoring［J］. IEEE Transactions on Instrumentation and Measurement. 2006, 55 (6):2320-2329.

［80］Chen H F. Heart Rate Variability Analysis of Orthostmic Fainting in Spinal Cord Injury Treatment by Hilbert Huang Transform［D］. Singapore:National University of Singapore. 2004:1-68.

［81］Li D, Fang X, Liu H Q, et al. Blasting Vibration Signal Analysis Based on Hilbert-Huang Transform［J］. Key Engineering Materials. 2000, (474-476):2279-2285.

［82］张义平,李夕兵. Hilbert-Huang 变换在爆破震动信号分析中的应用［J］. 中南大学学报(自然科学版). 2005 ,36(5):882-887.

［83］Bassiuny A M, Li X L. Flute Breakage Detection During End Milling Using Hilbert-Huang Transform and Smoothed Nonlinear Energy Operator［J］. International Journal of Machine Tools and Manufacture, 2007, 47(6):1011-1020.

［84］Echeverria J C, Crowe J A, Woolfson M S, et al. Application of Empirical Mode Decomposition to Heart Rate Variability Analysis［J］. Medical and Biological Engineering and Computing. 2001,39(4):471-479.

[85]Loh C H,Wu T C,Huang N E. Application of the Empirical Mode Decompo-sition- Hilbert Spectrum Method to Identify Near-fault Ground-motion Characteristics and Structural Resonses[J]. Bulletin of the Seisomological. 2001,91(5):1339-1357.

[86]张艳丽,张守祥. 基于 EMD 方法的煤岩界面识别研究[J]. 煤炭技术. 2007,26(9):49-51.

[87]周甄,任芳,张晓强. 用局域波法提取特征向量识别煤岩界面[J]. 煤矿机电. 2009,(2):50-55.

[88]刘伟,华臻. Hilbert-Huang 变换在煤矸界面探测中的应用[J]. 计算机工程与应用. 2011,47(9):8-11.

[89]张艳丽,张守祥. 基于 Hilbert-Huang 变换的煤矸声波信号分析[J]. 煤炭学报. 2010,35(1):155-158.

[90]Liu W,YAN Y H,Wang R L. Application of Hilbert- Huang Transform and SVM to Coal Gangue Interface Detection [J]. Journal of Computers. 2011,6(6):1262-1269.

[91]Liu W. Application of Hilbert- Huang Transform to Vibration Signal Analysis of Coal and Gangue[J]. Applied Mechanics and Materials. 2011,45:995-999.

[92]Yuan Y,Mei W B,Yuan Q. Detection and Estimation of Doppler Signal Using HHT Marginal Spectrum[C]. Proc. IEEE International Conference on Signal Processing,2008:199-202.

[93]Huang N E,Shen Z,Long S R. A New View of Nonlinear Water Waves:The Hilbert Spectrum[J]. Annu Rev Fluid Mech. 1999,(31):417-457.

[94]Wang B P,Wang Z C. A New Coal-Rock Interface Recognition Method Based on Hilbert Marginal Spectrum Distribution Characteristics[J]. Journal of Computational Information Systems. 2012,8(19):8137-8142.

[95]Wang B P,Wang Z C. Application of Hilbert Marginal Spectrum to Coal-rock Interface[J]. Advanced Materials Research. 2012,(569):70-73.

[96] Cohen L. Time-Frequency Distributions-A Review [C]. Proc IEEE, New York. 1989,77(7):941-981.

[97]刘伟,华臻,张守祥. 基于小波和独立分量分析的煤矸界面识别[J]. 控制工程. 2011,18(2):279-284.

[98]杨叔子,吴雅,轩建平. 时间序列分析的工程应用[M]. 武汉:华中科技

大学出版社,2003:21-54.

[99]Wang B P,Wang Z C,Zhu S L. Coal-Rock Interface Recognition Based on Time Series Analysis[C]. ICCASM,Taiyuan. 2010,22-24:356-359.

[100]袁曾任. 人工神经元网络及其应用[M]. 北京:清华大学出版社,1999:23-79.

[101]张立明. 人工神经网络的模型及其应用[M]. 上海:复旦大学出版社版,1993:66-80.

[102]Etxbarria V. Adaptive Control of Discrete Systems Using Neural Networks[C]. IEEE Proc. Control Theory Applications,1994,141(4):56-59.

[103]Kailash B,Hasan S. Coal/noncoal Interface Detection Using Learning Networks[J]. Mine Mechanization and Automation. 1993:553-541.

[104]Liang Y W,Xiong S B. Neural Network and PID Hybrid Adaptive Control for Horizontal Control of Shearer[C]. Proceedings of the 7th International Conference on Control,Automation,Robotics and Vision. 2002:671-674.

[105]苏秀平,李威,王禹桥,等. 自组织竞争神经网络在采煤机煤岩界面模式识别中的应用[J]矿山机械. 2010,38(15):27-30.

[106]于凤英,田慕琴,胡金发. 基于神经网络的煤岩界面识别[J]. 机械工程与自动化. 2007,(4):4-6.

[107]任芳,杨兆建,熊诗波. 基于改进BP网络的煤岩界面自动识别[J]. 煤矿机电. 2002,(5):20-22.

[108]Liu W. Coal Rock Interface Recognition Based on Independent Component Analysis and BP Neural Network[C]. The 3rd IEEE International Conference on Computer Science and Information Technology. 2010:556-558.

[109]Elsley R K. A Learning Architecture for Control Based on Back-Propagation Neural Networks[C]. IEEE Int. Conf. On Neural Networks,1988,213:87-94.

[110]Widrow B. 30 Years of Adaptive Neural Networks:Perception,Madaline,and Back-Propagation[C]. Proc. IEEE,1990:1415-1442.

[111]王磊,纪国宜. 基于Hilbert-Huang变换与人工神经网络的风机故障诊断研究[J]. 发电设备. 2012,26(2):100-104.

[112]K. Madani. A Survey of Artificial Networks Base Fault Detection and Fault Diagnosis Techniques[J]. International Joint Conference on Neural Networks. 1999,(5):3442-3446.

煤矸界面的自动
识别技术

[113] Ho S L, Lau K M. Detection of Fault in Induction Motors Using Artificial Neural Networks[J]. IEE Electrical Machines and Drives Conference Publication. 1995, 412:176-181.

[114]Xu P, Xu S J, Yin H W. Application of Self Organizing Competitive Neural Network in Fault Diagnosis of Suck Pod Pumping System[J]. Journal of Petroleum Science and Engineering. 2007,58(1-2):43-48.

[115]王保平,王增才. 基于经验模态分解与神经网络的煤岩界面识别方法[J]. 振动、测试与诊断. 2012,32(148):586-590.

[116] Waltz E, Lilnas J. Multi-sensor Data Fusion [M]. Artech House, Boston. Massachusetts. 2000:9-17.